Santosh Kumar Sar
Anil Kumar Thakur
Arun Arora

Estudo do Impacto da Construção de Estradas no Ambiente Florestal

Santosh Kumar Sar
Anil Kumar Thakur
Arun Arora

Estudo do Impacto da Construção de Estradas no Ambiente Florestal

ScienciaScripts

ÍNDICE

A presente tese de mestrado foi apresentada em linhas gerais nos seguintes capítulos

CAPÍTULO 1

INTRODUÇÃO

1.1Introdução

O "AMBIENTE" é o meio envolvente que constitui o conjunto das condições em que vivem os organismos e, por conseguinte, é constituído pelo ar, a água, o solo, os alimentos e a luz solar, que são as necessidades básicas de todos os seres vivos e da vida vegetal para desempenharem as suas funções. A poluição ambiental é a mais terrível crise ecológica a que estamos sujeitos atualmente. Deve-se à rápida revolução tecnológica urbano-industrial, à rápida exploração dos recursos naturais pelo homem e à explosão demográfica. Atualmente, o ambiente está contaminado, é indesejável e, portanto, prejudicial para a saúde dos organismos vivos, incluindo o homem. Os esplêndidos e abundantes ninhos da natureza são um património que nunca deve ser estragado. Mas a exploração voraz e ilimitada da natureza pelo homem perturbou o delicado equilíbrio ecológico existente entre os componentes vivos e não vivos do planeta Terra. A causa principal da poluição ambiental tem sido o comportamento incorreto do homem em relação à natureza, sob o falso ego de que é o senhor da natureza. Esta situação indesejável criada pelo homem tem ameaçado a sobrevivência do próprio homem e de outros seres vivos da Terra. A palavra "poluição", derivada da palavra latina pollution (que significa definir ou tornar sujo), é o ato de poluir o ambiente.

Um poluente foi definido, de acordo com a Lei de Proteção Ambiental (EPA 1986), como "uma substância nociva sólida, líquida ou gasosa presente em tal concentração no ambiente que tende a ser prejudicial para o ambiente".

1.2Estrada

A densidade rodoviária aumenta continuamente em todo o mundo. De facto, as estradas são o caminho da civilização da zona urbana para a zona rural e da zona rural para a zona florestal. As agências governamentais de todo o mundo dedicam enormes orçamentos à construção e modernização da rede rodoviária. As instituições de crédito multinacionais, como o Banco Mundial, etc., financiam as estradas como projeto principal.

As estradas representam um fator crucial de desenvolvimento. Quando questionadas sobre as suas prioridades de desenvolvimento, não é raro que as aldeias pobres locais coloquem o desenvolvimento de estradas entre os primeiros projectos que gostariam de ver implementados. As estradas permitem que as populações isoladas tenham um acesso mais fácil aos centros de saúde básicos e às escolas; aumentam a mobilidade de pessoas e bens, reduzindo os custos de transporte e impulsionando, através desse mecanismo, o desenvolvimento económico (embora os efeitos na produção agrícola tenham sido surpreendentemente pequenos). As estradas são uma componente vital da civilização. Proporcionam acesso para as pessoas estudarem, desfrutarem e comungarem com as terras selvagens florestadas e extraírem uma série de recursos de ecossistemas naturais e modificados. As estradas têm efeitos bem documentados, a curto e a longo prazo, sobre o ambiente, que se tornaram altamente controversos, devido ao valor que a sociedade atribui atualmente às terras selvagens não percorridas e aos conflitos entre a natureza selvagem e a extração de recursos. As estradas tornaram-se componentes vitais da utilização humana dos sistemas florestais. Sem estradas, teria sido difícil o desenvolvimento da atividade económica fundamental para a qualidade da vida moderna, e as estradas continuam a ser fundamentais para muitas utilizações florestais actuais.

Como todos os projectos de infra-estruturas, as estradas e as auto-estradas desempenham um papel importante na dinamização da vida do nosso país. No nosso país, a rede rodoviária aumentou quase oito vezes, passando de 0,4 milhões de quilómetros em 1951 para mais de 3 milhões de quilómetros em 2002. Cerca de 58 112 km e 1 37 119 km são cobertos pelas auto-estradas nacionais e estatais do país, respetivamente. Além disso, as principais estradas distritais cobrem mais de 4.70.000 km e as estradas rurais mais de 26.50.000 km. No entanto, estes projectos, realizados com o objetivo de desenvolvimento económico, trouxeram consigo impactos negativos no ambiente circundante, especialmente a perda de biodiversidade.

A construção de estradas e auto-estradas resultou na perda de milhares de quilómetros quadrados de florestas. De acordo com um estudo do Ministério do Ambiente e das Florestas (MoEF), cerca de 6 891 hectares de terras florestais foram desviados para efeitos de construção de estradas durante o período de 1980-1999, enquanto 7 172 hectares de terras florestais foram desviados entre 1999 e 2003.

As estradas, especialmente quando atravessam santuários de vida selvagem e reservas naturais, afectam a ecologia local, resultando na perda de vidas de animais selvagens devido ao aumento de acidentes. De acordo com o Project Tiger Status Report 2002 do Ministério do Ambiente e das Florestas, 19 das 25 reservas de tigres têm estradas (estradas florestais, auto-estradas estatais e estradas nacionais) que as atravessam ou na sua periferia. Estudos registaram a morte de 1 tigre, 24 leopardos e 50 outras espécies animais em acidentes rodoviários por ano, em média. A ilha Great Nicobar é atravessada pelas auto-estradas Norte-Sudeste-Oeste, o que afectou os habitats de nidificação das tartarugas. A via rápida Mumbai-Pune atravessa as planícies costeiras, os Ghats Ocidentais e o Planalto de Deccan, o que conduzirá à fragmentação do habitat, à restrição da circulação da vida selvagem e à perturbação da vida da maioria das espécies.

Através de uma alteração datada de 10 de abril de 1997, os projectos relacionados com a melhoria das auto-estradas, incluindo o seu alargamento e reforço, com aquisição marginal de terrenos ao longo dos alinhamentos existentes, desde que não passem por zonas ecologicamente sensíveis, tais como parques nacionais, santuários, reservas de tigres e florestas reservadas, estão isentos das disposições da Notificação AIA de 1994.

Foi ainda declarado que a aquisição de terrenos marginais significa a aquisição de terrenos que não exceda uma largura total de 20 metros de cada lado do alinhamento existente em conjunto. As circunvalações são tratadas como projectos autónomos e requerem uma autorização ambiental se o custo do projeto for superior a 50 milhões de rupias. O custo foi aumentado para Rs.100 crores para novos projectos.

A opinião pública desempenha um papel importante para tornar os projectos favoráveis às pessoas. O MoEF reconheceu a importância de envolver as populações locais na fase de planeamento do projeto e tornou obrigatória a realização de audiências públicas para os projectos abrangidos pelas disposições da Notificação de AIA de 1994, através de uma alteração datada de 10 de abril de 1997. No entanto, a audição pública foi dispensada na alteração de 2001, mas novamente na alteração de 13 de junho de 2002, foi declarado que, para os projectos de auto-estradas, a audição pública deve ser realizada em cada distrito através do qual a autoestrada passa.

Para além da autorização ambiental, a autorização florestal do Governo Central é também essencial para os projectos, se a autoestrada exigir o desvio de terras florestais. Se a área do projeto se situar num parque nacional ou num santuário de vida selvagem, a autorização florestal só é concedida depois de ser autorizada pelo Conselho Nacional de Vida Selvagem.

Até há pouco tempo, as questões ambientais eram ignoradas, sendo postas de lado como obstáculos ao desenvolvimento económico. Nos próprios regulamentos, existem algumas lacunas. As circunvalações são muitas vezes de curta extensão e os custos são frequentemente inferiores a 100 milhões de rupias, pelo que são excluídas das autorizações ambientais. No entanto, os pequenos projectos têm consequências graves para o ambiente local.

No entanto, no mundo de hoje, em que a brigada ambiental está a ganhar ímpeto, não se pode prescindir da autorização ambiental. Há um grande número de projectos rodoviários que estão a ganhar pó, porque não foram aprovados. Estas situações podem ser evitadas pelos planeadores e projectistas logo no início da fase de planeamento do projeto, selecionando alinhamentos, prevendo desvios e desvios, de modo a que o impacto no ambiente seja mínimo. Como se vê, há um grande número de regulamentos que devem ser rigorosamente seguidos para evitar uma catástrofe ambiental.

1.3 Floresta Raod

Uma estrada florestal pode ser definida como uma estrutura de engenharia, construída para fornecer acesso à área para as várias operações relacionadas com a silvicultura e utilizações florestais como:

• As estradas proporcionam corredores de acesso a vários sítios florestais nacionais, ambientes e experiências visuais e estéticas; de facto, quase todas as actividades recreativas nas florestas nacionais dependem, em certa medida, do acesso por estrada.

• As estradas permitem o acesso a zonas remotas e à natureza selvagem mas, ao mesmo tempo, podem reduzir as oportunidades de solidão noutros locais.

• A quantidade de rede rodoviária e a quantidade de utilização recreativa estão positivamente correlacionadas, conduzindo por vezes a fortes concentrações de utilização, e as estradas podem ser o único meio de usufruto para pessoas com algumas formas de deficiência.

• A procura de oportunidades de lazer na floresta continua a crescer a nível regional e nacional.

• A colocação, a escala, a classe e a configuração das estradas podem afetar grandemente a qualidade das vistas panorâmicas das florestas nacionais e o acesso a vistas excepcionais.

Fig 1.0: Vista de uma estrada florestal em Chhattisgarh

É por isso que se trata de estradas florestais:

✓ Passar pelo troço de floresta.

✓ Facilitar o transporte de culturas florestais e outros recursos.

✓ Promover o turismo.

✓ Controlar os acidentes com incêndios florestais

✓ Para fins de levantamento da vida selvagem

✓ Para fins de levantamento geológico &

✓ Fornecer serviços cívicos à população nativa, como assistência médica, educação e mercado, etc.

1.3.1 ECONOMIA DE UMA ESTRADA FLORESTAL

Os efeitos e utilizações das estradas podem ser divididos, de forma algo arbitrária, em benéficos e prejudiciais. O maior grupo de variáveis benéficas está relacionado com o acesso. Identificámos benefícios relacionados com o acesso como a exploração de madeira e produtos florestais especiais, pastoreio, exploração mineira, recreio, controlo de incêndios, gestão de terras, investigação e monitorização, acesso a explorações privadas, restauração, necessidades críticas da comunidade local, subsistência e o valor cultural das próprias estradas.

Os benefícios não relacionados com o acesso incluem o habitat periférico, os corta-fogos, a ausência de alternativas económicas para a gestão das terras e os postos de trabalho associados à construção e manutenção das estradas.

Historicamente, o desenvolvimento social e económico tem estado associado à expansão espacial das redes de ligação. Um olhar rápido sobre qualquer mapa topográfico detalhado revela que os países mais desenvolvidos têm uma rede rodoviária e ferroviária mais densa do que os menos desenvolvidos e que, mesmo dentro de um país, podemos identificar com segurança as regiões mais desenvolvidas e urbanizadas pela maior densidade de ligações rodoviárias.

Com efeito, a partir do momento em que uma economia se expande, ela impulsiona o desenvolvimento de uma rede de transportes racional, o que torna a especialização económica e o comércio mais rentáveis, criando um círculo virtuoso entre o desenvolvimento económico e o desenvolvimento das infra-estruturas.

Apesar disso, casos históricos indicam que, quando as estradas rurais são colocadas em zonas florestais, aceleram a desflorestação, pondo em perigo a biodiversidade e a estabilidade do clima do nosso planeta. Isto sugere que a construção ou a reabilitação de estradas representa um compromisso entre o desenvolvimento económico e os danos ambientais.

No caso dos países em desenvolvimento da região tropical, a maior parte da desflorestação está concentrada nesta região e uma grande parte dos países em desenvolvimento que provavelmente mais beneficiariam com a expansão das redes de transportes situa-se nos trópicos.

O impacto da economia rural e algumas das questões relacionadas com a abordagem empírica surpreendentemente baixa elasticidade da produção agrícola em relação à densidade das estradas. Este facto é provavelmente determinado pelo nível de agregação de dados adotado pelos estudos e pela utilização da densidade rodoviária como indicador da proximidade das estradas, o que subestima os efeitos das estradas na fronteira florestal.

O estudo de Jacoby, que explora os benefícios do acesso ao mercado ao nível do agregado familiar, adoptando uma medida direta da proximidade da estrada, mostra que a redução da distância às estradas aumenta significativamente o valor da terra em qualquer país. Dada a importância das implicações políticas, é necessária uma análise espacial mais cuidadosa. No entanto, os estudos que avaliam separadamente os benefícios económicos das novas estradas para as famílias mais ricas e para as famílias mais pobres revelam que, em geral, as primeiras beneficiam de uma parte maior dos novos ganhos. Isto deve-se principalmente à sua dotação inicial em capital (e educação) que lhes permite reagir rapidamente às novas oportunidades económicas.

Tal como todos os projectos de infra-estruturas, as estradas e auto-estradas desempenham um papel importante na dinamização da economia de qualquer país. É:

- Aumenta o valor do terreno

- Aumenta o nível de vida

- Aumenta o rendimento médio

- Acesso a instalações civis, tais como: medicina, educação, mercado, eletricidade

- Aumenta as oportunidades económicas

- Dá emprego

- Encurtar as distâncias

1.3.2 IMPACTOS GERAIS DE UMA ESTRADA FLORESTAL

As estradas são um dos principais factores de degradação ambiental das florestas. O aquecimento global ameaça milhares de espécies que não conseguem adaptar-se ou migrar com rapidez suficiente.

As estradas são um fator importante na destruição do habitat da vida selvagem. Não só milhares de animais são mortos nas nossas estradas, como muitos não atravessam uma estrada, mesmo que sejam fisicamente capazes de o fazer. O resultado é uma perda de biodiversidade e, por vezes, a extinção.

Precisamos de comer baixo na cadeia alimentar, mas também precisamos de comer baixo na cadeia de transporte!

De acordo com a EPA, 75% da poluição da água deve-se ao escoamento superficial. Uma grande parte desse escoamento provém das estradas.

Toda a gente está ciente dos custos ambientais do petróleo, das queimadas e do automóvel, mas poucas pessoas, mesmo entre elas, pensaram muito no poder destrutivo da construção de estradas, auto-estradas e vias rápidas. As estradas são tidas como um dado adquirido.

As estradas estão no cerne de quase todos os problemas ambientais actuais e, por isso, travar a expansão desastrosa do sistema rodoviário em terrenos florestais é um dos meios mais eficazes para travar a destruição ambiental.

Revisão da literatura empírica sobre os efeitos das estradas e do tráfego na abundância e distribuição dos animais:

Em 79 estudos, com resultados para 131 espécies e 30 grupos de espécies. Em geral, o número de efeitos negativos documentados das estradas na abundância de animais superou o número de efeitos positivos por um fator de 5; 114 respostas foram negativas, 22 foram positivas e 56 não mostraram qualquer efeito. Anfíbios e répteis tenderam a mostrar efeitos negativos. As aves apresentaram maioritariamente efeitos negativos ou nulos, com alguns efeitos positivos para algumas aves pequenas e para os abutres. Os pequenos mamíferos apresentaram geralmente efeitos positivos ou nenhum efeito, os mamíferos de tamanho médio apresentaram efeitos negativos ou nenhum efeito e os grandes mamíferos apresentaram efeitos predominantemente negativos. Sintetizámos esta informação, juntamente com a informação sobre os atributos das espécies, para desenvolver um conjunto de previsões das condições que levam a efeitos negativos ou positivos ou nenhum efeito das estradas na abundância de animais.

Prevê-se que quatro tipos de espécies respondam negativamente às estradas: (i) espécies que são atraídas pelas estradas e são incapazes de evitar carros individuais; (ii) espécies com grandes áreas de movimento, baixas taxas de reprodução e baixas densidades naturais; e (iii e iv) pequenos animais cujas populações não são limitadas pelas estradas. Prevê-se que dois tipos de espécies respondam positivamente às estradas: (i) espécies que são atraídas para as estradas por um recurso importante (por exemplo, alimento) e são capazes de evitar carros em sentido contrário, e (ii) espécies que não evitam a perturbação do tráfego, mas evitam estradas, e cujos principais predadores mostram respostas negativas ao nível da população. Outras condições levam a efeitos fracos ou inexistentes das estradas e do tráfego na abundância de animais

1.3.3 RAZÕES PARA OS EFEITOS RODOVIÁRIOS NEGATIVOS

Existem duas categorias gerais de espécies ou grupos de espécies que mostram efeitos negativos das estradas na abundância de animais: espécies que são vulneráveis a perturbações do tráfego (ruído, luzes, poluição, movimento do tráfego) e espécies que são vulneráveis à mortalidade na estrada. A vulnerabilidade à perturbação do tráfego provavelmente explica muitas das respostas das aves e algumas das respostas dos mamíferos de médio e grande porte. O ruído do tráfego parece ser um problema para a comunicação entre as aves canoras (Reijnen et al. 1996, Forman et al. 2002, Rheindt 2003), possivelmente levando a baixas abundâncias perto de estradas, e observações diretas e estudos de radiotelemetria de grandes mamíferos documentaram comportamentos de evitamento de estradas para algumas espécies (Brody e Pelton 1989, Lovallo e Anderson 1996, Dyer et al. 2002).

A vulnerabilidade à mortalidade nas estradas provavelmente explica a maioria das respostas dos anfíbios e répteis, bem como algumas das respostas dos mamíferos de médio e grande porte. Vários fatores se combinam para tornar uma espécie vulnerável à mortalidade nas estradas. Espécies que são atraídas por estradas ou que não as evitam, e que mostram baixa evitação de carros (por exemplo, espécies que se movem lentamente) são particularmente vulneráveis (van Langevelde e Jaarsma 2005). Esta combinação é muito provavelmente responsável pelos frequentes efeitos negativos das estradas e do tráfego na abundância de anfíbios e répteis. Por exemplo, algumas serpentes utilizam a superfície da estrada para termorregulação, algumas tartarugas põem os seus ovos em estradas de cascalho ou bermas (Aresco 2005, Steen et al. 2006) e os sapos-cururus (Bufo calamita) parecem equiparar as estradas a habitats arenosos abertos, para os quais são naturalmente atraídos (Stevens et al. 2006). Outros estudos concluíram que algumas rãs e cobras, embora não sejam necessariamente atraídas pelas estradas, não as evitam comportamentalmente (Row et al. 2007; J. Bouchard, A. T. Ford, F. Eigenbrod e L. Fahrig, manuscrito não publicado). Por conseguinte, é provável que estes animais entrem na superfície da estrada e, em combinação com a sua necessidade de migrações sazonais entre os locais de reprodução e de invernada, bem como com o seu movimento lento através da estrada, registem taxas de mortalidade muito elevadas (Hels e Buchwald 2001; J. Bouchard, A. T. Ford, F. Eigenbrod, e L. Fahrig, manuscrito não publicado). Para agravar ainda mais este baixo nível de evitamento de carros, há o facto de algumas espécies, incluindo as rãs (Mazerolle et al. 2005), responderem ao tráfego na estrada parando, aumentando assim o tempo passado na estrada e tornando-as ainda mais susceptíveis de serem mortas.

Como discutido acima, um segundo grupo de espécies que é particularmente vulnerável à mortalidade nas estradas são as espécies que têm grandes amplitudes de movimento e baixas taxas de reprodução, e não evitam estradas ou tráfego (Gibbs e Shriver 2002, Forman et al. 2003). Estes atributos interagem com as respostas comportamentais dos animais às estradas para afetar a sua abundância. Se os animais com grandes amplitudes de movimento não evitam as estradas, a sua elevada frequência de travessia de estradas leva a uma elevada probabilidade global de serem mortos em algum momento. Uma vez que os animais com grandes áreas de deslocação têm normalmente baixas taxas de reprodução (por exemplo, os grandes carnívoros), não podem compensar rapidamente uma maior mortalidade através de uma maior reprodução, pelo que a mortalidade conduz a um declínio da população. Por exemplo, na Califórnia, Dickson e Beier (2002) mostraram que os pumas atravessam facilmente as estradas nos seus territórios, ou seja, não evitam as estradas. No entanto, os territórios dos pumas contêm densidades de estradas mais baixas do que as áreas sem pumas. Na Flórida, foi demonstrado que a mortalidade nas estradas matou mais de 20% de todos os pumas (panteras da Flórida (Puma concolor)) (Land e Lotz 1996). Portanto, parece provável que os pumas estejam ausentes de áreas com alta densidade de estradas devido à alta probabilidade de mortalidade nessas áreas.

É importante notar que para determinar se um efeito negativo particular das estradas na abundância de animais é devido à mortalidade ou perturbação do tráfego, precisamos de informação sobre as taxas de mortalidade per capita do tráfego e/ou respostas comportamentais às estradas e ao tráfego (de preferência ambos). Se apenas tivermos informação sobre a distribuição dos animais em relação às estradas, não podemos distinguir entre estas duas causas. O número de animais pode ser baixo perto de estradas e/ou em paisagens com elevada densidade de estradas, quer porque a taxa de mortalidade é elevada nessas áreas, o que deprime as populações, quer porque os animais evitam esses locais devido à perturbação causada pelo tráfego. Taxas de mortalidade mais elevadas em áreas com estradas apoiariam a primeira hipótese, e análises de trajectórias de movimento que mostram desvios para longe das estradas apoiariam a segunda.

1.3.4 RAZÕES PARA EFEITOS RODOVIÁRIOS POSITIVOS OU AUSÊNCIA DE EFEITOS RODOVIÁRIOS

Quando os animais são atraídos para as estradas por causa de um recurso, mas têm a capacidade cognitiva e a velocidade de movimento que lhes permite evitar serem mortos pelos veículos (ou seja, evitar os carros), pode haver um efeito positivo líquido das estradas na abundância de animais. Por exemplo, alguns abutres têm densidades elevadas perto de estradas, presumivelmente devido à disponibilidade de alimentos e à sua capacidade de se levantarem da estrada a tempo de evitarem o tráfego em sentido contrário As espécies que não mostram qualquer efeito das estradas na abundância são as que apresentam o inverso dos factores acima referidos ("Razões para efeitos negativos"). As espécies que evitam entrar nas estradas, mas que não são perturbadas pelo tráfego rodoviário, e que têm pequenas áreas de movimento, pequenas dimensões de território e altas taxas de reprodução, não são susceptíveis de serem afectadas pelas estradas porque a mortalidade rodoviária é baixa e podem existir populações viáveis dentro das áreas delimitadas pelas estradas. Esta combinação de condições explica provavelmente a ausência de efeitos ou efeitos fracos para várias pequenas aves e pequenos mamíferos

Finalmente, se essa espécie é presa de outras espécies que são negativamente afectadas pelas estradas, a abundância da espécie presa pode estar positivamente relacionada com as estradas, devido à libertação da predação em áreas com estradas. Esta combinação de factores é muito provavelmente a causa dos efeitos predominantemente positivos das estradas na abundância de pequenos mamíferos. Vários estudos mostraram que os pequenos mamíferos evitam entrar nas estradas, presumivelmente devido à falta de cobertura protetora (Ford o Fahrig 2008, MoGrcgor ct al. 2008), c vários predadores de pequenos mamíferos mostraram ser afectados negativamente pelas estradas, incluindo raposas, texugos e cobras.

1.3.5 Efeitos diretos das estradas florestais

DESENVOLVIMENTO E DESFLORESTAÇÃO

O estudo mostra que as estradas representam um fator crucial da desflorestação. As estradas permitem que os agricultores se equilibrem em locais mais distantes, aumentando inevitavelmente a desflorestação quando esta ocorre em regiões florestais remotas.

Isto sugere a existência de um compromisso entre o desenvolvimento económico e social e a conservação das florestas. A redução dos custos de transporte decorrente da expansão rodoviária conduz tanto a um maior desenvolvimento como a uma maior desflorestação. Apesar desta conclusão bastante pessimista, a literatura analisada também identifica alguns factores que podem atenuar o trade off, pelo menos parcialmente.

Alguns autores argumentam que a construção intensiva de estradas, em vez de uma abordagem extensiva, proporcionaria, de facto, vantagens semelhantes em termos de desenvolvimento, sem colocar sob pressão a preciosa floresta que resta. Em vez de as estradas penetrarem na floresta remota, melhorariam e reforçariam a rede de estradas existente, de modo a oferecer mais oportunidades económicas à população já ligada ao mercado (reduzindo a migração para a "fronteira") e a incentivar as pessoas que vivem isoladas do mercado a aproximarem-se dele, onde os serviços são prestados regularmente.

Vinte e dois estudos (61% dos estudos analisados) revelaram um efeito inequivocamente positivo e significativo da proximidade das estradas sobre a desflorestação, ou seja, quanto mais perto uma parcela de floresta estiver das estradas, maior será a probabilidade de desflorestação. Dois outros estudos (6%) apoiam alegadamente esta conclusão, mas infelizmente a significância estatística dos coeficientes não é referida no artigo. Quatro estudos (11%) encontram uma correlação não significativa entre estradas e desflorestação. Os restantes oito estudos (22%) apresentam resultados mistos, ou seja, algumas variáveis relacionadas com as estradas estão associadas a mais desflorestação, enquanto outras estão associadas a menos desflorestação (ou não são significativas); ou as mesmas variáveis relacionadas com as estradas mostram um efeito positivo na desflorestação num período de tempo e o efeito oposto noutro período de tempo. No entanto, note-se que nenhum estudo apoia consistentemente a afirmação oposta: as estradas impedem a desflorestação.

EFEITOS HIDROLÓGICOS

A construção de estradas altera a hidrologia das bacias hidrográficas através de mudanças na quantidade e qualidade da água, na morfologia dos canais dos cursos de água e nos níveis das águas subterrâneas. As estradas pavimentadas aumentam a quantidade de superfície impermeável numa bacia hidrográfica, resultando em aumentos substanciais do pico de escoamento e das descargas pluviais. Isso geralmente significa inundações a jusante. A redução da evapotranspiração nos direitos de passagem das estradas também pode resultar num aumento do escoamento superficial e dos caudais dos cursos de água. No entanto, os aumentos dos caudais em bacias hidrográficas florestadas não são normalmente significativos, a menos que 15% ou mais do coberto florestal seja removido pela construção de estradas e actividades associadas, como o abate de árvores.

Quando o leito de uma estrada é elevado acima da superfície do terreno circundante, como é normalmente o caso, actuará como uma barragem e alterará os padrões de escoamento superficial, restringindo a quantidade de água que chega às áreas a jusante.

A interação entre as estradas florestais e a água está no centro de várias questões chave que envolvem os efeitos das estradas no ambiente. À escala dos segmentos de estrada individuais, a conceção e construção de estradas para drenar ou canalizar a água para fora da superfície da estrada é um dos principais problemas enfrentados pelos engenheiros rodoviários, e reflecte os efeitos substanciais que as estradas podem ter na hidrologia das encostas. Os problemas de drenagem das estradas e os problemas de passagem de água e detritos - especialmente durante as cheias - são as principais razões para o fracasso das estradas, muitas vezes com grandes consequências estruturais, ecológicas, económicas ou sociais. Por exemplo, dos 178 milhões de dólares gastos na recuperação de cheias em terras do Serviço Florestal na região do Noroeste do Pacífico após as cheias de 1996, mais de 70% foram para reparar danos em estradas; a maioria dos danos resultou de problemas de drenagem de água que, por sua vez, desencadearam movimentos de massa (Cronenwelt, n.d.). A uma escala mais alargada, as estradas podem influenciar a dimensão e o momento dos caudais das bacias hidrográficas, com possíveis consequências para os canais a jusante e os ecossistemas aquáticos. Por estas razões, muitos projectos de recuperação de estradas centram-se, explícita ou implicitamente, nas formas como as estradas influenciam o encaminhamento da água, com consequências para os processos erosivos.

As estradas têm três efeitos primários sobre a água: (1) interceptam a precipitação diretamente na superfície da estrada e nas margens do corte da estrada e (2) interceptam a água subsuperficial que se move para baixo na encosta da colina; (3) concentram o fluxo, quer na superfície quer numa vala ou canal adjacente e desviam ou redireccionam a água dos caminhos de fluxo que tomaria se a estrada não estivesse presente. A maioria das consequências hidrológicas e geomórficas das estradas resulta de um ou mais destes processos. Ao intercetar o fluxo superficial e subsuperficial, por exemplo, e ao concentrá-lo através do desvio para valas, ravinas e canais, os sistemas rodoviários aumentam efetivamente a densidade de cursos de água na paisagem. Isto altera o tempo necessário para a água entrar num canal, o que altera o momento dos picos de caudal e a forma hidrográfica (King e Tennyson 1984, Wemple e outros 1996a).

Da mesma forma, a concentração e o desvio de caudal para as zonas de cabeceira podem causar a incisão de partes da paisagem anteriormente não canalizadas e iniciar deslizamentos em cavidades coluviais. O desvio de caudal nas travessias de estradas é um fator chave para a falha de estradas e consequências erosivas durante grandes cheias (Furniss e outros 1998, Weaver e outros 1995).

Hidrologicamente, diferentes partes do sistema rodoviário comportam-se de forma diferente. As estradas não são todas iguais e não têm o mesmo desempenho durante as tempestades, e o mesmo segmento de estrada pode ter um comportamento diferente durante tempestades de diferentes magnitudes. Uma análise recente e pormenorizada de hidrogramas em passagens de ribeiras com bueiros mostra que, durante a mesma tempestade, alguns segmentos de estrada fluem substancialmente mais para os canais do que outros, principalmente devido a diferenças na quantidade de água subterrânea interceptada na margem cortada (Bowling e Lettenmeier 1997, Wemple e outros1996b). À medida que as tempestades aumentam ou o solo se torna mais húmido, mais do sistema rodoviário contribui com água diretamente para os cursos de água. A posição do declive tem um efeito profundo na magnitude da mudança hidrológica causada pelas estradas. A descarga de encostas, a altura da margem cortada, a densidade de travessias de cursos de água, as propriedades do solo e a resposta a tempestades diferem com a posição do declive.

Embora os efeitos hidrológicos das estradas tenham sido estudados durante mais de 50 anos, são poucos os estudos com medições a longo prazo de toda a gama de potenciais interações entre a água e as estradas. A maior parte dos estudos tem enfatizado as questões geotécnicas, incluindo o projeto de estradas, a dimensão e colocação de bueiros e o controlo da erosão das superfícies das estradas (ver Reid e outros 1997, para bibliografia; Swift 1988). Dos estudos que tentaram analisar o comportamento hidrológico das estradas, a maioria fez parte de experiências em bacias hidrográficas pequenas (tipicamente 0,3 a 2 milhas quadradas), onde as estradas eram um componente do tratamento experimental, que muitas vezes incluía outras práticas silvícolas. A maioria dos estudos foi realizada como experiências de "caixa negra", comparando hidrogramas do caudal antes e depois da construção de estradas, com pouca capacidade para identificar processos-chave.

Ainda menos estudos publicados consideraram explicitamente a forma como as redes rodoviárias afectam o encaminhamento da água através de uma bacia. Por conseguinte, temos pouca base para avaliar o funcionamento hidrológico do sistema rodoviário à escala de toda uma bacia hidrográfica ou paisagem. Poucos estudos publicados até à data identificaram a forma como as estradas em diferentes posições na paisagem podem influenciar o movimento da água através de uma bacia. Montgomery (1994) analisou o efeito de estradas em cumeeiras na iniciação de canais, e Wemple (1994) documentou a magnitude do alargamento da rede de drenagem causado por estradas em diferentes posições de declive.

Com base em estudos de pequenas bacias hidrográficas, o efeito das estradas nos caudais de ponta é detetável mas relativamente modesto para a maioria das tempestades; dados insuficientes e contraditórios não permitem avaliar o desempenho hidrológico das estradas durante as maiores cheias. As estradas não parecem afetar os rendimentos anuais de água e nenhum estudo avaliou os seus efeitos nos caudais baixos. Em alguns estudos, as estradas não produziram alterações detectáveis no tempo ou na magnitude do caudal (Rothacher 1965, Wright e outros 1990, Ziemer 1981), mas noutras bacias, o tempo médio para o pico da tempestade avançou e a magnitude média do pico aumentou após a construção de estradas, pelo menos para alguns tamanhos de tempestade (Harr e outros 1975, Jones e Grant 1996, Thomas e Megahan 1998). Num estudo realizado em Idaho, a magnitude do pico do escoamento pluvial aumentou numa bacia e diminuiu noutra após a construção de estradas, um efeito que os autores atribuem à interceção do escoamento subsuperficial pelas estradas e à dessincronização do fornecimento de água à saída da bacia (King e Tennyson 1984). Uma operação de corte de árvores inteiras em New Hampshire que resultou em 12% da área em estradas (Hornbeck e outros 1997) mostrou um aumento médio máximo de crescimento. O pico dos caudais da estação é de 63% no segundo ano após o abate. Este aumento desapareceu à medida que a floresta se regenerava, e apenas 2 dos 24 picos de caudal da 6ª à 12ª épocas de crescimento registaram aumentos estatisticamente significativos. Inativo. Os caudais de pico da estação decresceram geralmente porque o corte alterou os regimes de escoamento da neve. Helvey e Kochenderfer (1988) concluíram que as operações típicas de abate de árvores nos Apalaches centrais não aumentam os caudais o suficiente para exigir bueiros maiores para os acomodar. A exploração florestal sem estradas no sul dos Apalaches aumentou os volumes de escoamento pluvial em 11% e os caudais de pico em 7% (Hewlett e Helvey 1970, Swank e outros 1988). A colheita numa bacia hidrográfica adjacente com 4% da área em estradas aumentou os caudais de tempestade em 17% e os caudais de pico em 33%. Quatro anos mais tarde, os caudais de pico diminuíram para um aumento de 10% depois de 40% do sistema de estradas ter sido encerrado e devolvido à floresta (Douglass e Swank 1975, 1976). Coletivamente, estes estudos sugerem que o efeito das estradas no caudal dos cursos de água da bacia é geralmente menor do que o efeito do corte de florestas, principalmente porque a área ocupada pelas estradas é muito menor do que a ocupada pelas operações de corte.

Em geral, a recuperação hidrológica após a construção de estradas demora muito mais tempo do que após a colheita florestal, porque as estradas modificam as vias hidrológicas físicas, mas a colheita afecta principalmente os processos de evapotranspiração. O efeito hidrológico das estradas depende de vários factores, incluindo a localização das estradas em encostas, as caraterísticas do perfil do solo, o fluxo de água subterrânea e a interceção de águas subterrâneas, a conceção de estruturas de drenagem (valas, bueiros) que afectam o encaminhamento do fluxo através da bacia hidrográfica e a proporção da bacia hidrográfica ocupada por estradas.

A maioria dos problemas rodoviários durante as cheias resulta de engenharia e conceção impróprias ou inadequadas, particularmente nas travessias de cursos de água, mas também onde as estradas atravessam vales de cabeceira ou outras áreas de águas subterrâneas convergentes. O redesenho de estradas que antecipa e acomoda o movimento de água, sedimentos e detritos durante tempestades pouco frequentes, mas grandes, deve reduzir substancialmente as falhas de estradas e minimizar as consequências erosivas quando ocorrem falhas. Estudos recentes após grandes cheias no Noroeste do Pacífico sublinham a importância do desvio de água pelas estradas e estruturas relacionadas com as estradas (isto é, bueiros entupidos, valas) na contribuição para as falhas relacionadas com as estradas (Donald e outros 1996, Furniss e outros 1997). Uma falha típica resultou de bueiros dimensionados apenas para acomodar o fluxo de água, mas não a madeira e sedimentos adicionais tipicamente transportados durante grandes cheias. Os bueiros ficaram obstruídos e desviaram a água para a superfície da estrada, para drenagens vizinhas incapazes de se adaptarem ao aumento do caudal máximo da bacia contribuinte, ou para encostas não canalizadas. Foram comuns as "falhas em cascata", em que o desvio ou concentração de caudal levou a uma série de outros eventos, resultando na perda da estrada ou no início de deslizamentos de terras e fluxos de detritos. A análise da probabilidade de grandes cheias e a forma como estas se relacionam com a vida útil de projeto das estradas indica que a maior parte dos cruzamentos de estradas é suscetível de ter uma ou mais grandes cheias durante a sua vida útil. Consequentemente, a conceção de estradas tendo em conta as grandes tempestades é prudente e está ao alcance das actuais práticas de engenharia (Douglass 1977; Furniss e outros 1991, 1997; Helvey e Kochenderfer 1988). O potencial de desvio de cursos de água em estradas florestais indica que a consequência ambiental da falha da estrada durante grandes tempestades é uma opção a considerar.

Embora a capacidade de medir ou prever as consequências hidrológicas da construção ou modificação de uma rede rodoviária específica possa ser limitada, podem ser fornecidos princípios e modelos gerais que, se seguidos, podem diminuir os efeitos hidrológicos negativos das estradas. Estes princípios serão úteis durante a modernização ou desativação de estradas para atingir vários objectivos.

Os efeitos hidrológicos das estradas são fortemente influenciados pelo estado da paisagem, pela conceção e construção da estrada e pelo historial de tempestades. A generalização dos estudos de bacias hidrográficas emparelhadas é limitada pelos curtos períodos de tempo (um a vários anos) durante os quais os efeitos das estradas são tipicamente monitorizados. Além disso, a maioria dos estudos de estradas foi realizada em apenas algumas paisagens onde os problemas de estradas são comuns (Noroeste do Pacífico, Montanhas Rochosas e Apalaches), limitando assim a capacidade de generalização para outros terrenos. No entanto, os princípios gerais representam interpretações razoáveis do conhecimento científico disponível. Algumas paisagens podem ser muito mais sensíveis do que outras a certos processos-chave, como a interceção do fluxo subsuperficial e a extensão da rede de drenagem resultante de ravinamentos. Por esta razão, a gama específica de efeitos hidrológicos susceptíveis de serem encontrados deve ser avaliada tanto à escala regional como à escala da paisagem.

Os efeitos hidrológicos das estradas estão fortemente ligados aos seus efeitos sedimentares e geomórficos.

Os esforços futuros para redesenhar, restaurar ou remover sistemas rodoviários devido a preocupações hidrológicas devem ter objectivos claros: Que processos hidrológicos são considerados problemas? Onde é que eles ocorrem? O que pode ser feito para os resolver? Que grau de alteração hidrológica é considerado aceitável? Este tipo de avaliação das estradas é melhor realizado no contexto de uma análise da bacia hidrográfica (USDA FS 1999). As principais áreas de investigação futura são o desenvolvimento de modelos analíticos que permitam aos gestores apresentar as consequências hidrológicas previstas de alternativas

A ESTRADA COMO BARREIRA

Para além de constituírem uma perda direta e muitas vezes permanente de habitat para a vida selvagem, as estradas também podem ter impacto nas populações animais circundantes como fonte de mortalidade, particularmente quando as estradas atravessam importantes rotas de dispersão e migração. Na Alemanha, Kuhn (1987) demonstrou que 24 a 40 carros numa estrada por hora são suficientes para matar 50% dos sapos comuns em migração. Felizmente, nas estradas de exploração madeireira o tráfego é demasiado reduzido, especialmente à noite, para justificar a preocupação com a mortalidade direta. Uma preocupação mais importante é que uma faixa linear de cascalho ou terra sob um dossel aberto pode servir como uma barreira física ou psicológica aos movimentos dos animais (Stamps et al. 1987), especialmente para espécies menos numerosas. As populações anteriormente contínuas que ficam reduzidas em tamanho e isoladas por barreiras são mais propensas a taxas de extinção mais elevadas. Além disso, o efeito de barreira das estradas não pavimentadas e com menos tráfego foi demonstrado de forma convincente para pequenos mamíferos e invertebrados. Num estudo, uma estrada com tráfego (10,20 veículos por dia) inibiu fortemente o movimento de toupeiras-das-pradarias e ratazanas-do-algodão.

A maioria dos estudos sobre o potencial impacto das estradas em termos de barreiras tem-se centrado nas populações de pequenos mamíferos, mas as consequências das barreiras para os anfíbios e répteis que necessitam de migrações anuais para locais discretos de reprodução, alimentação e invernada podem ser mais significativas.

Os anfíbios são particularmente adequados para estudar a relação entre os três primeiros tipos de e os efeitos da fragmentação florestal, porque muitas espécies exibem exemplos claros de cada tipo. As observações dos movimentos dos anfíbios na estrada principal sugerem que as conclusões sobre o papel das estradas florestais na fragmentação das paisagens dependem não só das diferenças entre espécies, mas também da idade do animal e do tipo de movimento que está a fazer.

1.4FRAGMENTAÇÃO FLORESTAL E ESTRADAS

A fragmentação causada pelas estradas é de especial interesse porque os efeitos das estradas estendem-se por dezenas a centenas de metros a partir das próprias estradas, alterando os habitats e a drenagem da água, o movimento da vida selvagem, introduzindo espécies vegetais exóticas e aumentando os níveis de ruído. O desenvolvimento da terra que segue as estradas para as áreas rurais geralmente leva a mais estradas, um processo de expansão que só termina em barreiras naturais ou legisladas. Para analisar a proximidade das estradas à escala regional, o FHM usou um mapa nacional de estradas para estimar a proporção da área de terra dentro de certas distâncias das estradas (Geographic Data Technology 2002).

Os resultados mostraram que 20% de toda a área terrestre estava localizada a menos de 417 pés (127 metros) da estrada mais próxima, e 50% estava a menos de 1253 pés (382 metros). Apenas 18% da área terrestre dos EUA estava a mais de 0,6 milhas (1000 metros) de uma estrada, e apenas 3% estava a mais de 3,1 milhas (5000 metros) de distância. Em geral, as terras florestais eram ligeiramente mais distantes das estradas do que outros tipos de cobertura do solo. Embora o tamanho real de uma zona de influência de estrada dependa das circunstâncias locais, a grande difusão das estradas significa que poucos lugares nos EUA estão imunes às suas influências.

EFEITOS GEOMÓRFICOS, SEDIMENTAÇÃO E DESLIZAMENTOS DE TERRAS

Quando uma estrada atravessa um curso de água, os engenheiros normalmente desviam, canalizam ou alteram o curso de água. As condutas e as pontes alteram os padrões de fluxo e podem restringir a passagem de peixes. A canalização remove a diversidade de materiais naturais do substrato, aumenta as cargas de sedimentos, cria uma carga de leito variável que é inimiga dos organismos que vivem no fundo, simplifica os padrões de corrente, rebaixa o canal do ribeiro e drena as zonas húmidas adjacentes, reduz a estabilidade das margens e agrava as inundações a jusante.

Uma autoestrada dividida que exija a exposição de 10 a 35 acres por milha durante a construção produz até 3000 toneladas de sedimentos por milha. Num estudo da bacia de Scott Run, na Virgínia, Guy e Ferguson descobriram que a construção de auto-estradas contribuía com 85% dos sedimentos da bacia. O rendimento foi 10 vezes superior ao normalmente esperado de terras cultivadas, 200 vezes superior ao de pastagens e 2000 vezes superior ao de terras florestais. Estudos efectuados no noroeste da Califórnia mostram que cerca de 40% do total de sedimentos provêm de estradas e 60% de áreas exploradas

O aumento das cargas de sedimentos nos cursos de água tem sido implicado no declínio dos peixes em muitas áreas. Um estudo realizado em 1959 num riacho do Montana, relatado por Leedy em 1975, encontrou uma redução de 94% no número e no peso de peixes de caça de grande porte devido à sedimentação das estradas. Os salmonídeos são especialmente vulneráveis à sedimentação porque depositam os seus ovos em cascalho e pequenos detritos com um fluxo de água suficiente para manter o fornecimento de oxigénio. Os sedimentos finos podem cimentar os cascalhos de desova, impedindo a construção de redutos. O aumento dos sedimentos finos também reduz a disponibilidade de oxigénio para os ovos e aumenta a mortalidade embrionária. Stowell e colaboradores referiram que a deposição de 25% de sedimentos finos nos cascalhos de desova reduz a emergência dos juvenis em 50%. A sedimentação tem também efeitos negativos sobre a alimentação invertebrada de muitos peixes. Além disso, a destruição da vegetação ribeirinha pela construção de estradas resulta em temperaturas da água mais elevadas, o que reduz as concentrações de oxigénio dissolvido e aumenta as necessidades de oxigénio dos peixes (um "duplo golpe"). Se o público piscatório fosse adequadamente informado dos efeitos negativos das estradas na pesca, talvez todos, exceto os mais preguiçosos, exigissem o encerramento da maioria das estradas em terras públicas.

Mais de 50 anos de investigação e muitos exemplos de casos colocam os efeitos das estradas florestais nos processos geomórficos no centro do debate, levando a um reexame das redes rodoviárias existentes e futuras em terras públicas. Os efeitos geomórficos das estradas florestais vão desde contribuições crónicas e a longo prazo de sedimentos finos para os cursos de água até efeitos catastróficos associados a falhas maciças do material de enchimento das estradas durante grandes tempestades. As interações entre as estradas e as superfícies terrestres são frequentemente complexas; por exemplo, numa parte da encosta, as estradas podem desencadear falhas em massa e as estradas a jusante podem reter material derivado dessas falhas. Os taludes e as estradas podem alterar diretamente a morfologia do canal ou podem modificar os caminhos do fluxo do canal e estender a rede de drenagem a partes anteriormente não canalizadas da encosta. Os efeitos económicos das falhas das estradas durante as tempestades têm sido discutidos; menos claras são as consequências cumulativas ou a jusante das alterações relacionadas com as estradas nos processos geomórficos. As questões que motivam a preocupação com a erosão relacionada com as estradas incluem a potencial degradação do habitat aquático e da qualidade da água e os riscos para a segurança pública e para as estruturas a jusante.

As estradas afectam os processos geomórficos através de quatro mecanismos principais: 1) acelerando a erosão da superfície da estrada e do próprio prisma através de processos de erosão de massa e de superfície; 2) afectando diretamente a estrutura e a geometria do canal; 3) alterando os caminhos do fluxo de superfície, levando ao desvio ou à extensão de canais para partes da paisagem anteriormente não canalizadas; e 4) causando interações entre água, sedimentos e detritos lenhosos em passagens de estradas e ribeiros.

Estes mecanismos envolvem diferentes processos físicos, têm vários efeitos nas taxas de erosão e não estão uniformemente distribuídos dentro ou entre paisagens. Em terrenos florestais íngremes propensos a deslizamentos de terra, o maior efeito das estradas nas taxas de erosão é o aumento das taxas de movimento de massa do solo após a construção da estrada. Os movimentos de massa do solo afectados pelas estradas incluem escorregamentos de detritos pouco profundos (três a vários pés de profundidade), derrocadas profundas (profundidades de dezenas de metros) e fluxos de terra, e fluxos de detritos (movimentos rápidos canalizados e fluidizados de água, sedimentos e madeira). Destes, os efeitos das estradas nos escorregamentos e fluxos de detritos têm sido os mais extensivamente estudados, tipicamente através de inventários de deslizamentos de terras utilizando uma combinação de fotografia aérea sequencial e verificação no terreno. As taxas de erosão acelerada das estradas devido a escorregamentos variam entre 30 e 300 vezes a taxa florestal, mas diferem consoante o terreno no Noroeste do Pacífico, com base numa área unitária em terrenos florestais que vão desde o Noroeste do Pacífico dos EUA até à Nova Zelândia (Sidle e outros 1985).

A magnitude da erosão maciça relacionada com as estradas varia consoante o clima, a geologia, a idade da estrada, as práticas de construção e o historial de tempestades. Vários estudos efectuados no Leste dos Estados Unidos mostram que os deslizamentos de terras são mais influenciados pela magnitude das tempestades e pela geologia do que pela utilização do solo. Um limiar de 5 polegadas de chuva por dia (Eschner e Patric 1982) e uma geologia metassedimentar estão associados a grandes deslizamentos de terras nos Apalaches. A drenagem de estradas pode causar pequenos deslizamentos em aterros de estradas; no entanto, alguns grandes deslizamentos de terras têm origem em terrenos florestais não perturbados (Neary e Swift 1987, Neary e outros1986)

1.6AS ESTRADAS FLORESTAIS CRIAM CORREDORES PARA OS PREDADORES

As estradas florestais não só permitem a invasão de espécies exóticas e infestantes, como também permitem a entrada de predadores, incluindo humanos, no ambiente florestal e afectam as populações de animais selvagens. Estudos limitados mostraram que as estradas permitem a entrada de espécies exóticas em áreas onde historicamente estiveram ausentes ou onde não havia habitat adequado (Parendes, 1997). Claramente, esses efeitos secundários são promovidos pela existência de estradas, mas não são devidos às estradas em si; no entanto, o aumento do acesso humano a áreas remotas permitido pelas estradas tem um efeito muito mais significativo sobre as populações nativas. As altas densidades de estradas estão associadas a uma variedade de efeitos humanos negativos em algumas espécies de vida selvagem. O aumento da pressão de caça, particularmente a caça ilegal, tem o potencial de afetar as populações de espécies ameaçadas onde o património genético já é limitado, como no caso da pantera da Florida (Puma concolor corgi), e onde a troca de genes entre populações em habitats adjacentes pode ajudar a viabilidade da espécie (Shrader.Frechette 1995). A conetividade também é importante para as espécies com grandes áreas de vida, e evitar as estradas ou correr o risco de mortalidade relacionada com as mesmas constitui uma ameaça adicional para as populações, ou pode levar a uma interação indesejável, ou mesmo perigosa, entre animais e humanos, como pode estar a acontecer com as populações de leões da montanha (Felis concolor) no sul da Califórnia.

Sempre que são construídas estradas florestais, a modificação do habitat e as alterações no comportamento dos animais conduzem a alterações no risco de viabilidade e distribuição e mesmo de extirpação local. O comportamento de evitar estradas é caraterístico de grandes mamíferos como o alce, a ovelha selvagem, o urso pardo, o caribu e o lobo. Distâncias de evitação de 100 a 200 metros são comuns para estas espécies. A utilização de estradas por veículos e seres humanos tem um papel significativo na determinação do comportamento de evitamento de estradas. Num estudo de telemetria dos movimentos do urso preto, as auto-estradas interestaduais quase nunca foram atravessadas e as estradas com baixo volume de tráfego foram atravessadas com mais frequência do que as estradas com maior volume de tráfego (Wisdom e outros, 2000). Parece que, em alguns casos, os ursos machos podem estar a utilizar as estradas como corredores de viagem (Young e Beecham 1986, Zager 1980). Os lobos no Wisconsin estão limitados a áreas com uma densidade média global de estradas de 0,07 milhas por milha quadrada. Alguns estudos mostraram que a existência de algumas grandes áreas de baixa densidade de estradas, mesmo numa paisagem com uma densidade média elevada, pode ser o melhor indicador de habitat adequado para vertebrados de grande porte (Wisdom e outros 2000).

1.7 IMPACTOS AMBIENTAIS DAS ESTRADAS FLORESTAIS

1.7.1 AS ESTRADAS PODEM SER CONSIDERADAS COMO UM ECOSSISTEMA INDIVIDUAL

A síntese dos efeitos das estradas nos ecossistemas terrestres pode ser facilitada se as estradas forem vistas como "tecno.ecossistemas", como recentemente descrito por (Lugo e Gucinski,2000). As estradas ocupam espaço ecológico (Hall e outros 1992), têm estrutura, suportam uma biota especializada, trocam matéria e energia com outros ecossistemas e sofrem mudanças temporais. Os "ecossistemas" de estradas são construídos e mantidos por pessoas (tecno.ecossistemas; Haber 1990) e são caracterizados por fluxos abertos de energia e matéria e uma predominância de respiração sobre a fotossíntese; isto é, são sistemas heterotróficos e altamente subsidiados. Para compreender que as caraterísticas associadas às estradas funcionam como um ecossistema e interagem com as florestas circundantes, é necessário pensar no fluxo de materiais, energia e organismos ao longo dos corredores rodoviários, na zonação da vegetação, na interação com a economia e a atividade humanas, e nas forças externas que convergem para o corredor rodoviário (Donovan e outros 1997; Forman 1995a, 1995b).

As estradas ligam e desligam - As estradas são corredores que podem ligar tipos de ecossistemas contrastantes. Uma vez que as estradas proporcionam um estado de certa forma homogéneo ao longo do corredor, dão oportunidade a organismos e materiais de se deslocarem ao longo do corredor, aumentando assim a conetividade. Entre os ecossistemas que interagem com a estrada.

1.7.2 RESUMO DOS PRINCIPAIS PROBLEMAS ECOLÓGICOS

Há um grande número de problemas ecológicos associados à construção de estradas em zonas montanhosas, alguns dos quais podem ser resumidos como se segue:

Desflorestação

A associação entre a desflorestação e a instabilidade dos taludes tem sido objeto de uma investigação considerável. A desflorestação provoca a erosão e o movimento do solo é geralmente aceite, mas as opiniões divergem quanto ao seu impacto. No que diz respeito aos taludes "rastejantes", verificam-se maiores velocidades de rastejamento em taludes cobertos por árvores na região de Queenland (Austrália) do que em taludes apenas cobertos por erva na região das florestas tropicais (Brown e Shen, 1975). Prandini et al. (1977) referiram que a desflorestação leva à perda de resistência mecânica conferida pelo sistema rochoso. O poder de reforço das raízes é também demonstrado pelos resultados de ensaios de cisalhamento em bloco in situ, que mostram que a resistência ao cisalhamento aumenta com o aumento da densidade das raízes. Em altitudes mais elevadas, a camada verde superior é muito fina e demora centenas de anos a desenvolver-se. Um grande número de árvores ao longo das bermas das estradas está a cair devido à construção de estradas. A construção incorrecta de estradas provoca a erosão do solo, o que pode levar ao desenraizamento de árvores de grande porte e à degeneração das plantas mais baixas. Desta forma, provoca graves desequilíbrios ecológicos que afectam negativamente os factores de escoamento, o gradiente de temperatura, a radiação à superfície, etc. Devido à perda de vegetação, a velocidade de escoamento também aumenta, o que resulta na erosão do solo e, consequentemente, na sua fertilidade.

Perturbação dos estratos geológicos

Durante a construção de estradas em zonas montanhosas, são efectuadas operações como a detonação, a escavação e a fragmentação das encostas das montanhas para obter a acessibilidade desejada. Estas operações criam perturbações geológicas no corpo da montanha. As operações de detonação criam forças dinâmicas que provocam o movimento de zonas de deslizamento, fendas, fissuras e planos de fraqueza. A destruição geológica causada pela construção de estradas em zonas montanhosas.

Perturbação da face da colina

A inclinação natural da face da colina é perturbada pela operação de corte da estrada. O movimento descendente do material de deslizamento de terras e a eliminação da massa escavada da construção de estradas degradam e desfiguram a natureza. O crescimento da vegetação é afetado pela perda da camada superior do solo, o que provoca desequilíbrios ecológicos.

Interrupção do padrão de drenagem

A velocidade de escoamento nas encostas aumenta em grande medida devido à construção de pontes e bueiros na estrada, bem como devido ao corte para obter sistemas de comunicação adequados. Isto leva à erosão das margens e constitui uma ameaça à existência de árvores e vegetação nas encostas das colinas. Por vezes, formam-se lagos devido à acumulação de detritos provenientes de materiais escavados e de deslizamentos de terras. Estes lagos obrigam a água a fluir por outro caminho, destruindo a flora lateral. Por exemplo, em Nallah, na NH = 22, a ponte foi destruída três vezes em seis anos porque o rio ficou bloqueado devido aos detritos e formou-se um lago temporário. A mesma história repetiu-se no rio Pabbar no vale de Chhawara (Rohroo) em 1992, onde se formou um grande lago (3 quilómetros) e cerca de dez aldeias foram desocupadas para evitar perdas de vidas humanas. A formação deste lago resultou na perda de um grande número de riquezas naturais, tanto da flora como da fauna. O padrão de drenagem natural da área é perturbado pela construção de estradas, o que por vezes resulta também em inundações repentinas.

Perturbação dos recursos hídricos

Os recursos hídricos naturais são perturbados devido às explosões que são utilizadas durante as actividades de construção de estradas. Além disso, a eliminação incorrecta do combustível e dos lubrificantes utilizados no processo contamina as águas superficiais e subterrâneas.

Problema de assoreamento

Uma grande quantidade de material escavado depositado nas encostas é transportada pelo rio e acumula-se nas barragens e reservatórios, reduzindo a sua vida útil. Por exemplo, a taxa de assoreamento do reservatório da barragem de Bhakhra é muito elevada, devido à construção de estradas em grande escala na bacia hidrográfica de Sutlej.

Destruição da flora e da fauna

A vida selvagem é perturbada devido às explosões, ao transporte de maquinaria, ao ruído dos cilindros de estrada e ao ruído dos veículos em movimento na subida. A destruição de habitats essenciais, como locais de repouso, árvores ocas, áreas de alimentação e reprodução, ocorre devido à construção de estradas. Parte da flora e da fauna é destruída devido à invasão da floresta para a construção de estradas.

Poluição

A acumulação de detritos na encosta gera uma enorme poluição. Além disso, o aquecimento do betume através de instalações de mistura a quente produz um grande número de poluentes atmosféricos, como óxidos de enxofre, azoto e carbono. Os hidrocarbonetos alifáticos de cadeia longa e os compostos aromáticos são também os subprodutos deste processo de aquecimento, que têm propriedades cancerígenas (produzem cancro) e devem ser tomadas precauções especiais para proteger os trabalhadores que trabalham nestas condições no estaleiro de construção de estradas. A temperatura ambiente aumenta e a humidade atmosférica diminui devido aos movimentos de máquinas e veículos, alterando os processos fisiológicos das plantas e afectando assim o seu padrão de crescimento. As alterações das condições envolventes provocam a interferência da vida dos microorganismos no solo.

1.7.3 EFEITOS DIRECTOS

Abates na estrada

A morte na estrada pode ter um impacto significativo nas populações de animais selvagens. Os veículos em alta. velocidade representam a maior ameaça para a vida selvagem. As estradas não pavimentadas, particularmente quando "não melhoradas", são menos perigosas. A mortalidade nas estradas aumenta normalmente com o volume de tráfego. No entanto, num estudo realizado no Texas, a mortalidade foi maior em estradas com volumes intermédios, presumivelmente porque as estradas com maior volume de tráfego tinham melhores direitos de passagem que permitiam uma melhor visibilidade tanto para os animais como para os condutores. Os aumentos no volume de tráfego resultam, de facto, em mais colisões numa determinada estrada e, na nossa sociedade perdulária, mais pessoas significam mais carros em praticamente todas as estradas.

A morte na estrada é um fenómeno clássico de armadilha mortal. Os animais são atraídos para as estradas por uma variedade de razões, muitas vezes para a sua morte. As cobras e outros ectotérmicos vão para lá para se refastelarem, algumas aves utilizam o cascalho das bermas das estradas para facilitar a digestão das sementes, os mamíferos vão para comer sais de gelo, os veados e outros herbívoros são atraídos pela vegetação densa das bermas das estradas, os roedores proliferam nos prados artificiais das bermas das estradas e muitos mamíferos de grande porte consideram as estradas como vias de comunicação eficientes. As aves canoras vêm apanhar pó nas estradas de terra, onde são vulneráveis aos veículos e aos predadores. Abutres, corvos, coiotes, guaxinins e outros necrófagos procuram os mortos nas estradas, muitas vezes para se tornarem eles próprios mortos nas estradas.

Fig 1.1 Vista de um acidente rodoviário

Quadro 1.1 Morte de animais por ano numa estrada florestal

Nome do animal	Número de óbitos
Sapo comum indiano	35
Rã planadora de Malabar	1
Víbora de Russell	1
Cobra-lobo comum	3
Cobra com dorso em bronze	1
Serpente de costas axadrezadas	1
Cobra Kukri variegada	1
Cobra verde com espigão	0
Cobra-gato comum	1
Cobra-verme comum	1
Jiboia terrestre do João	1
Serpente de verme bicudo	0
Serpente de árvore dourada	1

Fundo da quilha com riscas	0
Serpente chicote verde comum	0
Lagarto comum de jardim	2
Raias comuns	1
Camaleão	0
Coucal	1
Noitibó comum indiano	0
Myna indiano	2
Pomba malhada	2
Pássaro-peregrino	1
Pardal de garganta amarela	1
Poupa	0
Leopardo	1
Javali	1
Sambar	2
Chital	1
Rato veado	1
Langur cinzento da crista	1
Macaque Bonnet	6
Lebre de bico preto	3
Civeta das palmeiras	1
Esquilo das palmeiras	1
Bandicoot	1
Rato	3

1.7.4 EFEITOS INDIRECTOS

ACESSO

O mais insidioso de todos os efeitos das estradas é o acesso que proporcionam aos seres humanos e aos seus instrumentos de destruição. A grande maioria dos seres humanos não sabe como se comportar em ambientes naturais. Com receio de experimentar a Natureza nos seus próprios termos, trazem consigo as suas motosserras, ATVs, armas, cães e pistolas de ar comprimido. Perseguem praticamente todas as criaturas que encontram e deixam a sua marca em todos os sítios que visitam. Quanto mais inacessíveis forem as áreas selvagens que nos restam a estes cretinos, mais seguras e saudáveis serão estas áreas. Os seres humanos que respeitam a terra estão dispostos a caminhar longas distâncias. Se esta é uma atitude "elitista", que seja; a saúde do território exige restrições ao acesso e ao comportamento humano.

Muitas espécies animais diminuem com o aumento da densidade rodoviária precisamente porque as estradas trazem os humanos com armas. Para muitos mamíferos de grande porte, a aversão às estradas não está relacionada com quaisquer qualidades intrínsecas da estrada, mas sim com a associação aprendida das estradas com o perigo. Noutros casos, os mamíferos podem continuar a utilizar as estradas porque estas lhes proporcionam vias de comunicação convenientes ou um fornecimento de alimentos, mas são incapazes de manter populações onde as densidades rodoviárias são elevadas devido à mortalidade que sofrem devido à caça legal ou ilegal, ou à morte na estrada.

1.8 Âmbito do presente estudo

Estes são alguns dos objectivos importantes deste trabalho

1. O estudo de impacto constitui uma peça obrigatória no projeto de estradas florestais, necessária para a obtenção de todas as aprovações para a execução da estrada;

2. Através do estudo de impacto, o impacto é quantificado em conformidade com as diretivas da Agência de Proteção do Ambiente;

3. A avaliação de impacto contribui para uma melhor solução paisagística através da extensão da madeira como material de construção e da realização de pontes e muros de contenção à base de madeira;

4. A proteção dos parques naturais nacionais é assegurada pelo respeito das zonas de proteção integral, sendo os caminhos rodoviários conduzidos apenas aos limites turísticos e administrativos.

Nos pontos anteriores, como o nosso Estado é um Estado recém-nascido, é muito necessário recolher dados adequados sobre as estradas florestais e o seu impacto no ambiente

1.9 Objectivos

A partir da discussão do âmbito do presente estudo, ou seja, os veículos motorizados, a grande densidade populacional e as indústrias presentes nesta área produzem uma enorme quantidade de poluentes que poluem o ambiente. O objetivo do trabalho é estudar a poluição ambiental. Os pontos importantes são:

1. Avaliar o estado da qualidade das estradas florestais com base no grau de fiabilidade da concentração máxima admissível.

2. Para encontrar os parâmetros rodoviários do índice de poluição da biodiversidade.

3. Calcular a escala de qualidade ambiental.

4. Para calcular os índices de poluição, conversão para ar e água em notas de fiabilidade.

CAPÍTULO 2

REVISÃO DA LITERATURA

O efeito mais estudado da construção de estradas é a degradação hidrogeológica, sob a forma de erosão do solo, movimentos de massa, sedimentação e alteração do caudal dos cursos de água. A erosão difusa do solo é uma das consequências mais comuns da construção de estradas. A erosão pode afetar todos os elementos da estrada - leito, margens, batedor, aterro e drenos. As razões pelas quais a construção de estradas resulta frequentemente em erosão acelerada do solo são a remoção da cobertura vegetal, o afrouxamento do solo e a criação de rotas preferenciais para o escoamento concentrado de água (Hattinger 1984).

A gravidade dos fenómenos erosivos depende da intensidade da precipitação, da erosão do leito rochoso, da morfologia do terreno e das caraterísticas da estrada (Burroughs et al. 1984, Ezaki 1984, Hattinger 1984, Heinrich 1984, Kochenderfer e Halvey 1987, Lee 1995). O tráfego intenso resulta num aumento das taxas de erosão, que podem ser mais de 100 vezes superiores às registadas em estradas com pouco tráfego (Reid e Dune 1984). Muito depende de um planeamento e manutenção cuidadosos. De acordo com McCashion e Rice, por exemplo, um quarto da erosão registada numa amostra de 550 km da rede de estradas florestais californianas poderia ser evitada utilizando práticas de engenharia normais (1983).

A construção de estradas pode desencadear o movimento em massa de encostas instáveis (Amaranthus et al. 1985, Rood 1984). Uma vez iniciado, este processo é muito difícil de parar, e mesmo a reflorestação não garante o seu controlo efetivo (Lattusen 1984, Ma 1987). A prevenção continua a ser a melhor política; o planeamento e a construção cuidadosos são cruciais para o sucesso da construção de estradas. De facto, a localização e o desenho da estrada desempenham um papel importante na ocorrência de fenómenos de destruição maciça, que são mais prováveis de acontecer quando a estrada está localizada em declives com mais de 60 por cento de inclinação (Duncan et al. 1987, McCashion e Rice 1983, Sessions et al. 1987). Estas e outras considerações foram integradas numa série de métodos de planeamento, que estão frequentemente disponíveis como programas de simulação (Duncan et al. 1987, Hicks e Smith 1981, Sessions e Sessions 1991).

Um aumento substancial na produção de sedimentos está frequentemente associado à construção de estradas (Reid 1981, Pearce e Hodgkiss 1987) como consequência direta da erosão do solo e, especialmente, dos movimentos de massa (Reid et al. 1981). A intensidade do tráfego e a manutenção das estradas têm o maior impacto na produção de sedimentos (Reid 1981). O problema aumenta na proximidade de cursos de água. Uma estrada que corre diretamente ao longo de um ribeiro pode produzir sete vezes mais sedimentos do que uma estrada protegida por uma zona de respeito não perturbada (Hattinger 1984). Várias medidas podem reduzir efetivamente a produção de sedimentos; entre elas, o estabelecimento de zonas de respeito não perturbadas, a redução de travessias de cursos de água, a manutenção de um bom sistema de drenagem e a revegetação das margens da estrada (Burroughs et al. 1984, Deki et al. 1988, Ellefson e Miles 1985. Patric e Kidd 1982, Swift 1984 e 1986).

Em geral, a construção de estradas reduz a capacidade de infiltração do solo, aumenta o escoamento da água e bloqueia os sistemas de drenagem naturais (Hattinger 1984). A água da chuva é canalizada ao longo da rede rodoviária e atinge o seu coletor mais rapidamente do que se seguisse os seus caminhos naturais e o aumento do pico de fluxo é a consequência geral deste mecanismo, que pode produzir efeitos destrutivos (King 1989, Tilley e Rice 1977, Wright et al. 1990).

Para além da degradação hidrogeológica, a construção de estradas pode produzir outros efeitos prejudiciais, especialmente na paisagem e na vida selvagem (Elgmork 1978. Gardner 1979). Os diferentes impactos estão frequentemente ligados; a sedimentação, por exemplo, cria condições desfavoráveis à sobrevivência e reprodução dos peixes e, por conseguinte, o aumento da erosão está geralmente associado a um declínio da fauna aquática (Coates e Miller 1981, Hynson et al. 1982, Meehan e Swanston 1977, Mills 1980, Noggle 1978, Phillips et al. 1975).

Em geral, o projeto de estradas deve ter como objetivo servir a maior superfície com o desenvolvimento de estradas mais curto (Gardner 1979). As rotas devem ser selecionadas de modo a permitir a travessia mínima de cursos de água, declives instáveis e outras áreas sensíveis (Hattinger 1984, Heinrich 1985). O planeamento deve incluir a separação de zonas de respeito não perturbadas e a construção de um sistema de drenagem adequado. Em particular, as pontes e os esgotos devem ser dimensionados para o pico de caudal mais elevado previsto (Sedlak 1982). A largura da estrada deve ser mantida tão pequena quanto possível, de acordo com as caraterísticas do tráfego previsto (Gaumitz 1990). A pavimentação de estradas tem duas arestas e deve ser avaliada com cuidado. Embora seja muito eficaz na proteção do leito da estrada contra a erosão, acelera o escoamento e contribui para o aumento dos picos de fluxo (Burroughs et al. 1984. Kochenderfer e Helvey 1987, Nowakowska 1987, Swift 1984).

As técnicas e o equipamento de construção têm uma forte influência no tipo de impacto e na sua gravidade (Trafela 1987). A escavação é rentável, mas não permite uma grande precisão. Em terrenos íngremes, as escavadoras hidráulicas devem ser preferidas, uma vez que garantem um excelente controlo do trabalho, o que é conveniente na formação do aterro ou na preparação dos drenos. Em média, o custo da escavadora é 15 a 20% mais elevado, mas em zonas sensíveis este custo adicional é largamente compensado pela redução dos custos de recuperação (Gorton 1986). A construção deve ser seguida de revegetação das margens da estrada, de preferência com espécies indígenas (Ellefson e Miles 1985, Ezaki 1984). O sucesso da sementeira direta pode ser melhorado através da aplicação de uma camada de cobertura vegetal para proteger o solo e as sementes (Rothwell 1987). Caso contrário, pode recorrer-se à hidrossementeira, cuja complexidade e custo variam consoante a situação local (Schechtl 1987).

A manutenção das estradas desempenha um papel crucial na redução da erosão e da sedimentação (Yoho 1980, Douglas et al. 1983). O abandono resulta na deterioração das margens e no aumento da produção de sedimentos (Orme 1990). Mesmo uma simples nivelação no final da época de colheita pode produzir benefícios substanciais, uma vez que as estradas com sulcos produzem duas vezes mais sedimentos do que as estradas niveladas (Burroughs et al. 1984).

CAPÍTULO 3

MATERIAIS E MÉTODO

3.1O planeamento da rede de estradas florestais é um problema complexo porque envolve múltiplos objectivos e funções conflituantes das estradas florestais. Este documento apresentará uma forma de estruturar o problema de decisão e descreverá as fases da AIA das estradas florestais, sublinhando a importância e a necessidade de integrar o conceito de AIA no processo de planeamento das estradas florestais na Roménia.

3.2. Estruturação do problema

As estradas florestais são activos fixos que servem para o transporte de madeira e para facilitar o acesso de trabalhadores e máquinas aos povoamentos florestais, para a execução de operações florestais. Assim, o planeamento da rede viária deve ter em conta, a priori, a seleção da estratégia silvícola e dos sistemas de exploração, o tipo e a localização das máquinas de exploração, de modo a otimizar a eficiência do sistema de exploração, a cumprir as múltiplas funções da floresta e a reduzir os danos residuais nos povoamentos. Além disso, as estradas florestais são importantes para a gestão da vida selvagem, para as comunidades locais, para as actividades sociais e permitem o acesso a zonas de risco em caso de perigos naturais. Assim, os caminhos florestais devem ser vistos como dotações orgânicas dos ecossistemas florestais, e considerados como activos para facilitar a execução destas operações e no desenvolvimento florestal como um todo, abordando os aspectos ecológicos desde as fases iniciais de planeamento antes da conceção técnica. Estudos recentes (Collins, s. 2004), mostraram diferentes formas de impacto no ambiente pela construção de estradas florestais. O equilíbrio entre os objectivos conflituosos das estradas florestais, tendo em conta o seu impacto ambiental, é um problema complexo que deve ser muito bem estruturado e compreendido pelos decisores. Por conseguinte, deve ser definido um conjunto claro de critérios e indicadores mensuráveis dos objectivos que devem ser alcançados pelas estradas florestais. Isto é possível através do processo de hierarquia analítica (AHP), uma teoria que se baseia na estruturação hierárquica de um problema de decisão nos seus elementos mais básicos, permitindo a avaliação de critérios e variáveis qualitativos e quantitativos em cada nível da estrutura hierárquica através de comparações par a par, utilizando uma escala de julgamentos absolutos (coiiins, s. 2004). De um ponto de vista ambiental, o objetivo das estradas florestais é minimizar os seus efeitos adversos globais no ambiente, maximizando simultaneamente os benefícios (Figura 3.1). FR1, FR2 e FR3 representam alternativas de traçados de estradas que podem ser comparadas usando AHP e análise de sensibilidade, de acordo com critérios e indicadores especificados através de comparações de pares e funções aditivas de utilidade, resultando numa classificação das opções propostas. Assim, os decisores podem facilmente decidir qual a solução a implementar.

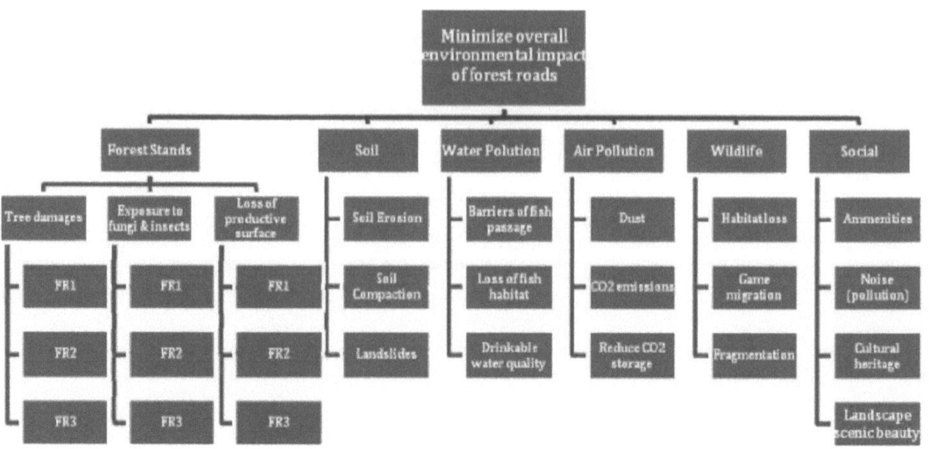

Fig. 3.1. Exemplo de estruturação do problema no caso das estradas florestais

3.3 Avaliação do impacto ambiental das estradas florestais

A nível da UE, a avaliação de projectos de desenvolvimento susceptíveis de ter um impacto significativo no ambiente é regulamentada desde 1985 através da Diretiva AIA (85/337/CEE), alterada em 1997, 2003 e 2009 e codificada na Diretiva 2011/92/UE (Clevenger, A. P., B. Chruszcz e K. E. Gunson. 2003.). A Diretiva AIA visa proteger a saúde humana, melhorar a qualidade de vida através de um ambiente melhor e manter os níveis de biodiversidade e de conservação dos ecossistemas, exigindo que os promotores de projectos apresentem um relatório de AIA para a proposta de projeto e um processo de tomada de decisão baseado numa abordagem transparente e participativa, envolvendo todas as partes interessadas relevantes.

As estradas florestais são projectos com impacto visível no ambiente, pelo que o planeamento da rede rodoviária deve ter em conta a avaliação do impacto. Existe um sistema de abordagem extensivo de análise de custo-eficácia que incorpora diferentes critérios relacionados com as necessidades, os riscos e os efeitos para avaliar as opções de estradas florestais numa região montanhosa, salientando a importância de um processo participativo na literatura (Calder, W. 1986). Também são mencionados tipos de indicadores referentes a valores ambientais naturais (por exemplo, solo, água ou biosfera) e valores ambientais sociais (por exemplo, condições socioeconómicas, saúde e segurança, património cultural, beleza cénica da paisagem) e fases de planeamento de uma rede rodoviária (coiiins, s. 2004):

1. Desenvolvimento e avaliação da viabilidade técnica de alternativas de estradas florestais;

2. Avaliação do impacto ambiental;

3. Participação do público;

4. Tomada de decisões.

No entanto, a AIA deve ser utilizada nas fases iniciais do planeamento do traçado, e não após a conceção técnica das estradas florestais, a fim de harmonizar as soluções técnicas, ambientais e sociais das opções de estradas florestais propostas. A questão da AIA de estradas florestais será abordada nas seguintes linhas de acordo com as fases definidas no Material de Recursos de Formação em AIA do PNUA (Brumm, H., e H.

Slabbekoorn. 2005).

O principal objetivo desta fase é determinar se uma proposta de projeto requer AIA e, em caso afirmativo, identificar os factores ambientais mais relevantes que devem ser abordados na AIA de estradas florestais. A priori ao planeamento do traçado, devem-se identificar os valores ambientais que podem ser afectados pela estrada florestal proposta (Brumm, H. 2004.), durante a fase de levantamento da área do projeto, mapeando os pontos cardeais positivos e negativos (Bambar, D. 1975). Um sistema de escalonamento pode ser utilizado para criar uma base de dados de áreas sensíveis de um ponto de vista ambiental. Podem então ser criadas camadas SIG de diferentes valores ambientais, destacando as áreas com restrições num mapa geral de AIA, que pode ser utilizado no planeamento de novas rotas rodoviárias para evitar, tanto quanto possível, áreas sensíveis (Douglass, J. E., e W. T. Swank. 1976.). No entanto, devido a restrições técnicas, nem todas as áreas sensíveis podem ser evitadas pelo traçado planeado; neste caso, devem ser propostas medidas de mitigação para minimizar o impacto da construção de estradas florestais.

Durante a fase de seleção, devem ser levantadas e procuradas respostas para o seguinte tipo de questões A proposta de estrada florestal afecta significativamente as pessoas (comunidades circundantes), a flora, a fauna, o solo ou os ecossistemas aquáticos? Afecta a paisagem, o património cultural, a biodiversidade ou os activos fixos? Se a resposta for afirmativa, deve ser colocada a seguinte questão: "Em que medida a construção da estrada florestal afecta os respectivos valores ambientais?" Todas estas questões podem ser abordadas de forma eficiente utilizando listas de controlo de triagem. O resultado é uma classificação dos factores, que orienta o decisor para a escolha das medidas de atenuação mais adequadas na AIA.

Dos factores ambientais identificados, apenas os mais relevantes para a proposta de estrada florestal devem ser considerados no EIA. Por exemplo, um dos objectivos da construção de uma estrada florestal é a minimização dos seus impactos ambientais globais. Este objetivo, por sua vez, é decomposto em outros sub-objectivos mais específicos (por exemplo, minimização dos impactos no solo, na água, da perturbação do habitat). A estes sub-objectivos devem ser atribuídos indicadores mensuráveis que caracterizem cada critério e, consequentemente, cada objetivo é uma função dos seus sub-objectivos. Com base nesta abordagem, os factores ambientais identificados podem ser classificados. Considerando que as estradas florestais são geralmente projectos de importância local, o EIA deve utilizar uma estrutura simples, incluindo uma descrição do contexto do projeto, a identificação dos factores ambientais e a exposição ao risco de possíveis fontes de perturbação, a análise do impacto e os requisitos de atenuação e monitorização. A elaboração de um EIA exaustivo das estradas florestais só é necessária no caso de projectos que afectem extensas áreas florestais ou quando o projeto se desenvolva em zonas protegidas, em zonas com património cultural importante e onde o risco de impactos irreversíveis nesses valores seja maior.

3.4. Métodos de análise de impacto

Devido à sua localização peculiar, geralmente em zonas remotas, a AIA das propostas de estradas florestais centra-se mais no impacto sobre os factores ambientais naturais (ar, água, solo, biodiversidade). No entanto, a tendência atual dos EIA, impulsionada pelo envolvimento do público, é incluir os impactos sociais e económicos (Antos, M. J., e J. G. White. 2004).

Para além dos danos consistentes e clássicos da construção de estradas florestais nos povoamentos florestais (Douglass, J. E., D. R. Cochrane, G. W. Bailey, J. I. Teasley, e D. W. Hill.1969), a AIA alarga o foco dos possíveis impactos, considerando o solo, a água, a vida selvagem, a paisagem natural e os aspectos sociais. As estradas florestais são ecossistemas dinâmicos, sendo as suas fronteiras os limites dos seus efeitos ecológicos mensuráveis (Adam, P., e D. Robinson. 1996). Esta é uma abordagem correta, uma vez que as estradas florestais interagem com outros ecossistemas, criam condições para o desenvolvimento de microbiótopos e evoluem para um estado estacionário maduro, quando é atingido um novo equilíbrio ecológico.

Existem dois métodos atualmente utilizados na Roménia para avaliar o impacto das estradas florestais no ambiente: o método analítico quantitativo (AM) - que considera graus de fiabilidade de 1 a 10 que destacam o efeito que os factores têm no ambiente, e o método analítico gráfico (GAM) - que determina o índice global de poluição (GPI) utilizando um diagrama. O impacto na biodiversidade refere-se a biótopos sensíveis localizados no trajeto da estrada florestal proposta, a espécies endémicas e a habitats importantes.

O impacto das estradas florestais no solo ocorre em toda a área da base da estrada e na sua envolvente imediata, sob a forma de poluição do solo, compactação, erosão, danos nos ecossistemas locais do solo e deslizamentos de terras. No entanto, estas desvantagens devem ser tratadas através de uma abordagem holística, considerando que a construção de estradas proporciona uma melhor acessibilidade à floresta que, finalmente, reduzirá o consumo de energia durante a extração e o transporte da madeira e os impactos negativos da maquinaria de extração em grande escala nos solos florestais (Clevenger, A. P., B. Chruszcz e K. E. Gunson. 2003.). A água da precipitação lava as encostas laterais das estradas florestais e os taludes, resultando no transporte de sedimentos e na sedimentação crónica, o que pode afetar a população de peixes existente ou outros ecossistemas aquáticos. A evacuação da água do leito da estrada é um requisito crítico durante todo o ciclo de vida da estrada florestal e é possível através de um sistema de valas laterais e de bueiros transversais colocados sob o aterro da estrada. Devido a sedimentação crónica, valas obstruídas ou objectos transportados por cursos de água torrenciais, as valas podem falhar e a água pode fluir sobre a superfície do leito da estrada, causando erosão e aumentando o transporte de sedimentos. Embora, de certa forma, as condutas possam impedir a passagem de formas de vida aquática, a travessia de cursos de água pode ser efectuada utilizando vaus ou uma combinação de vaus com condutas (Egan, J. P., e H. W. Hake. i950.). Embora as estradas florestais afectem a vida selvagem em menor grau do que as estradas públicas e os efeitos de perturbação sejam menores nos habitats florestais, a avaliação dos efeitos primários de uma nova estrada florestal deve considerar também os efeitos cumulativos de outras redes de infra-estruturas nas proximidades (Ford, J. 1981.). Devido aos trabalhos de construção, os habitats podem ser prejudicados, banindo as populações de caça. No entanto, alguns destes impactos são temporários, apenas a fragmentação devida ao aumento da densidade das estradas florestais pode ocorrer a longo prazo e as outras pressões podem diminuir (Fuller, R. A., P. H. Warren, e K. J. Gaston. 2007). A avaliação do efeito dos caminhos florestais na fragmentação a longo prazo é difícil, uma vez que os caminhos florestais colocam diferentes barreiras aos organismos vivos e diferentes espécies têm diferentes limiares de tolerância às barreiras (Goosem, M. 2007.). No entanto, as populações de animais selvagens podem recuperar após a perturbação da construção da estrada, dependendo da intensidade do tráfego e da produção de ruído durante o ciclo de vida da estrada florestal, adaptando-se às novas condições. O impacto social da construção de estradas florestais refere-se geralmente a: risco de danificar os equipamentos locais circundantes; risco de acidentes de trabalho durante as obras de construção; poluição sonora; perturbação do património cultural; perturbação da beleza cénica e das instalações de recreio da paisagem natural. Não obstante, a construção de estradas florestais tem também efeitos sociais positivos em termos de possibilidades de emprego, melhoria do acesso a áreas remotas ou pontos de interesse e desenvolvimento de novas capacidades entre a população local. Relativamente à escala dos impactos, o comportamento dos decisores difere no que diz respeito à aceitação do risco. Alguns podem estar dispostos a correr o risco independentemente dos impactos potenciais, enquanto outros tolerariam uma maior probabilidade de ocorrência do perigo se os impactos forem provavelmente menores (Huitsch, H., e D. Todt. 2004). No entanto, num EIA de estradas florestais, os possíveis impactos e as medidas de mitigação devem ser bem documentados, sendo da responsabilidade do decisor considerar ou ignorar o risco avaliado

3.5 Medidas de atenuação

As medidas de atenuação referem-se às acções necessárias para aumentar os benefícios ambientais e sociais de uma proposta, assegurando que os impactos adversos residuais sejam mantidos dentro de níveis aceitáveis (Katti, M., e P. S. Warren. 2004.). No caso das estradas florestais, as primeiras medidas são tomadas durante o planeamento, desenvolvendo diferentes alternativas de itinerários rodoviários que evitam as zonas sensíveis. No entanto, é muito provável que a perturbação ambiental não seja completamente evitada; neste caso, são necessárias medidas de atenuação activas. Dependendo do tipo de impacto e da sua magnitude, devem ser adoptadas diferentes medidas. A minimização dos danos nos povoamentos florestais residuais é possível através de uma redução do uso de explosivos, da execução de parapeitos de retenção e do emprego de escavadoras em vez de bulldozers (Mumme R. L., S. J. Schoech, G. E. Woolfenden e J. W. Fitzpatrick. 2000.). Uma largura mínima da abertura do corredor, equilibrando os volumes de corte e aterro, reduziria a perda de produção de madeira. Os efeitos adversos nos solos e na água podem ser atenuados assegurando a evacuação da água da superfície do leito da estrada desde as primeiras fases de construção, através de uma execução adequada das obras de drenagem, da replantação dos taludes laterais e da construção de obras de reforço nas zonas sensíveis a deslizamentos de terras. Para minimizar o impacto no ar e na água, é necessária a utilização de biocombustíveis, biolubrificantes e maquinaria de ponta. Além disso, no caso das bacias hidrográficas florestais cuja principal função é proteger a água para consumo humano, são necessárias medidas de atenuação mais rigorosas: evitar a utilização de vaus como solução para a travessia de cursos de água; utilizar biomateriais para as condutas e pontes ou evitar os materiais que possam corroer-se com o tempo. O impacto na vida selvagem pode ser atenuado reduzindo a poluição sonora, evitando a utilização de explosões ou criando habitats artificiais que imitem os biótopos naturais, nos casos em que esses habitats tenham sido prejudicados. Para reduzir o impacto da fragmentação, deve ser considerado o desenvolvimento de cinturas de proteção (árvores e arbustos) no caso de estradas localizadas em áreas abertas (Shochat, E., D. H. Wolfe, M. A. Patten, D. L. Reinking, e S. K. Sherrod. 2005.). Isto também levaria a uma redução do impacto visual da paisagem desnudada devido aos trabalhos de escavação. Outras opções a este respeito poderiam ser a adaptação do alinhamento da estrada às curvas de nível, restrições ao corte raso ao longo da estrada ou a replantação dos taludes laterais da estrada. Para reduzir o risco de danos nos povoamentos e de acidentes de trabalho, é necessária a utilização de escavadoras em vez de bulldozers, medidas de segurança no trabalho e cintos de proteção especiais sob o aterro das estradas florestais. Em termos de poluição sonora, é necessária a utilização de máquinas silenciosas durante a construção da estrada. Todas as medidas possíveis devem ser consideradas na AIA de estradas florestais, para fornecer ao decisor informação relevante sobre o impacto de cada alternativa em termos de custos, impacto social e ambiental (Slabbekoorn H., e A. den Boer-Visser. 2006).

3.6. Relatórios

Em termos gerais, a AIA das estradas florestais é um relatório abrangente que identifica as questões ambientais, avalia o seu impacto e propõe medidas de atenuação antes do desenvolvimento do projeto. No entanto, este não é o caso de todas as propostas de estradas florestais. Na Irlanda (Trombuiak, S. C., e C. A. Frisseii. 2000.), uma avaliação ambiental inicial que consiste em procedimentos de rastreio e em medidas de atenuação propostas é o único relatório necessário para avaliar o impacto das propostas de estradas florestais. Na Roménia, a avaliação do impacto ambiental das estradas florestais é designada por Estudo de Impacto Ambiental (EIA), regulado pelo Despacho n.º 860/2002 do Ministério das Águas e da Proteção do Ambiente, e consiste em diferentes fases de trabalho (van der Ree, R, A. F. Bennett, e T. R. Soderquist. 2006). Dependendo da dimensão do projeto e da importância dos impactos, são utilizadas duas fases da DIA, durante o processo de aprovação entre um e quatro meses (Sun, J. W. C., e P. M. Narins. 2005.). Este último caso implica também uma consulta pública. Na Áustria, os projectos de estradas florestais foram regulamentados com base em regras e princípios mais gerais pela Lei das Florestas, aplicada em 1975, e devem respeitar as autoridades florestais e de conservação da natureza. Este é um bom exemplo de cooperação interdisciplinar das partes interessadas através de uma abordagem participativa que conduziu a propostas de estradas florestais de boa qualidade, considerando diferentes opções de desenvolvimento, que podem ser economicamente acessíveis e ambientalmente corretas. A comparação das alternativas rodoviárias de um ponto de vista ambiental deve incluir: impactos adversos e benéficos; eficácia das medidas de atenuação; distribuição de benefícios e custos, incluindo a análise custo-benefício e a avaliação do VAL e quaisquer outras oportunidades de melhoramento comunitário e ambiental (Reijnen, R., R. Foppen, C. ter Braak, e J. Thissen. 1995). O relatório de AIA das estradas florestais está sujeito a consulta pública durante um período de tempo que varia consoante os países.

3.7. Revisão e participação do público

Durante esta fase, a adequação e a qualidade do relatório de AIA são verificadas tendo em conta a opinião pública, determinando se as informações são suficientes para uma decisão final e identificando as deficiências do relatório. O promotor do projeto deve atualizar o relatório de AIA em conformidade antes de poder ser emitida a aprovação ambiental.

Quadro nº 3.1 Escala de qualidade ambiental

Valor	Qualidade do ambiente
1=IPG	Ambiente natural, não afetado
	pela atividade humana
1<IPG ≤ 2	Ambiente afetado pelo homem
	atividade dentro dos limites admissíveis
2< IPG ≤ 3	Ambiente afetado pelo homem
	atividade, com desconforto
	para formas de vida

3 < IPG ≤ 4	Ambiente afetado pelo homem
	atividade, com perturbações
	para formas de vida
4 < IPG ≤ 6	Ambiente muito afetado por
	atividade humana, perigoso
	para formas de vida
6<IPG	Ambiente degradado, impróprio
	para formas de vida

CAPÍTULO 4

RESULTADOS E DISCUSSÃO

4.1 O método analítico

O método analítico de avaliação de impactes tem em consideração uma escala de fiabilidade, expressa através de graus entre 1 e 10, e que evidencia os efeitos da poluição no ambiente. A escala de fiabilidade, apresentada na tabela no. 4.2, atribui o 10º grau à distribuição que corresponde ao estado natural não afetado e o 1º grau ao estado de poluição máxima. A fiabilidade de um determinado fator é avaliada na escala de fiabilidade em função dos limites admitidos pelo normativo em vigor. Os principais factores analisados são: ar, água, solo e biodiversidade. Para estes factores é aplicada a variante quadrada da seguinte forma.

Para o ar e a água, as concentrações de diferentes poluentes (C), que são comparadas com as concentrações máximas permitidas (CMA) prescritas na STAS 12574/87 e na Ord. MAPPM 642/93 (para o ar) e NTPA 001/2002 (para a água). O índice de poluição ambiental (Ip) resulta da relação dos elementos acima mencionados:

$$I_P = \frac{C}{CMA} \tag{1}$$

As concentrações máximas permitidas, prescritas nas normas mencionadas, são apresentadas no conto nº. 4.1, e os valores reais dos poluentes são determinados através de ensaios laboratoriais. O índice de poluição ambiental (Ip) é determinado para cada poluente, e no final são obtidos, através de conversão, diferentes graus de fiabilidade. O grau de fiabilidade de um fator é obtido como grau médio. A conversão das dimensões técnicas é apresentada na tabela nº. 4.2. Para as águas atmosféricas, a quantificação do impacte provocado pela execução da estrada será feita considerando os seguintes poluentes:

- Os volumes de corte excedentes situam-se junto à estrada como depósitos não dispostos fora do território da estrada, ou disseminam-se no terreno, expressos em m3/hm-estrada;

- Volumes de rocha provenientes de pedreiras locais, para obtenção do material rochoso necessário (superestrutura, reforço, pontes e muros de suporte), expressos em m3/hm-estrada;

- Volume de resíduos de exploração, resultante do corredor rodoviário, expresso em mst/ha.

Cada poluente será quantificado através de notas de fiabilidade (Nb). O grau de fiabilidade médio é obtido como média ponderada dos três graus, de acordo com a relação:

$$Nbsol = \frac{4N_{bexced} + 4N_{bdrroc} + 2N_{rrestex}}{10} \tag{2}$$

em que os números 4-4-2 representam os graus atribuídos.

As conversões das dimensões técnicas dos danos mencionados em graus de fiabilidade são apresentadas nas tabelas n.ºs 4.3, 4.4 e 4.5. Nas tabelas nº 4.3 foram considerados diferentes perfis transversais. A tabela no. 4.4 considerou que, de acordo com a investigação da especialidade, o volume dos resíduos de exploração varia entre 0,5 e 10 mst/ha.

As dimensões técnicas das ideias acima mencionadas serão estabelecidas de acordo com os perfis transversais no caso de exceder o volume de terra e o volume de rocha, e através de amostragem no caso de resíduos de exploração. No que diz respeito à biodiversidade, o impacte deve ser avaliado com base em informações de campo relativas ao seguinte

- Os biótipos da localização da estrada (florestas, pântanos, zonas húmidas, areias, etc.);

- Flora local;

- Espécies animais e vegetais e habitats.

Pode-se apreciar mais ou menos teoricamente, a percentagem em que é afetada a biodiversidade (P%), e o índice de poluição resulta da relação:

$$Ip = \frac{P[\%]}{100}$$

(3)

Com este valor pode ser utilizada a escala de conversão para determinar a escala de fiabilidade para a biodiversidade Nb.

Quadro 4.1 : Limite de concentração padrão para os poluentes

Nr.	Pollutants	M.	Maximum	
	denomina		allowable	
crt.		U.		
	tion		concentrations	
	A. AIR			
1.	CO	mg/		
		m3	2,0 (dally)	
2.	Solvents	mg/		
		m3	2,0 (daily)	
	B. WATER (pluvial waters)			
1.	pH	-	6,5.....8,5	

2.	Suspensi ons	mg/l	30	
3	CBO5	mg/l	12	
4.	CCO-Cr	mg/l	30	
5.	Total nitrogen	mg/l	5	
6.	Total phosphor	mg/l	0,5	
7.	Phenols	mg/l	0,02	

Tabela no.4.2: Conversão dos índices de poluição do ar e da água em notas de fiabilidade

Valor Ip		Grau de fiabilidade Nb
I P	$\square$ CMAC	
0		10
0,0-0.25		9
0.26-0.50		8
0.51-1.00		7
1.10-2.00		6
2.01-4.00		5
4.01-8.00		4
8.01-12.00		3
12.01-20.00		2
>20.00		1

Tabela no. 4.3 - Conversão do volume de terra excedente em graus de fiabilidade

Corte excedente m3/hm-road	Grau de fiabilidade Nbexceed
Menos de 15 anos	10
15.1-25	9

21.5-36	8
36.1-47	7
47.1-58	6
58.1-69	5
69.1-81	4
81.1-92	3
92.1-103	2
Mais de 103	1

Tabela no. 4.4 - Conversão do volume de rocha em graus de fiabilidade

Volume de rocha m3/hm-estrada	Grau de fiabilidade Nbderoc
Menos de 50	10
51-150	9
151-300	8
301-450	7
451-600	6
601-750	5
751-900	4
951-1050	3
1051-1300	2
Mais de 1300	1

Tabela no. 4.5 - Conversão dos resíduos de exploração em graus de fiabilidade

Resíduos de exploração [mst/ha]	Grau de fiabilidade Nbrest.ex
Inferior a 0,5	10
0,6-1,5	9
1,6-3,0	8
3,1-4,0	7
4,1-5,0	6
5,1-6,0	5
6,1-7,0	4
7,1-8,0	3

8,1-9,0	2
Mais de 9	1

4.2 O método analítico gráfico

O impacto global sobre o ambiente, apresentado como índice global de poluição IPG, pode ser avaliado utilizando os índices de poluição acima determinados. deixar duas linhas em branco entre secções sucessivas, como aqui. A avaliação do IPG pode ser efectuada tendo em conta a escala apresentada na tabela n.º. 4.5. De acordo com a tabela no. 7, quando o IPG=1 o ambiente não está poluído. Quando o IPG>1 surgem alterações de qualidade que vão aumentando até à degradação total do ambiente (IPG>6). O valor do índice global de poluição é determinado através do método grafo - analítico, utilizando o diagrama apresentado na figura nº. 1 e a seguinte relação:

$$IPG = \frac{S_i}{S_r}$$

(4)

Onde Si é o estado ideal representado pela área quadrada no diagrama; Sr - o estado real, representado pela área quadrangular no diagrama.

4.3 Discussões

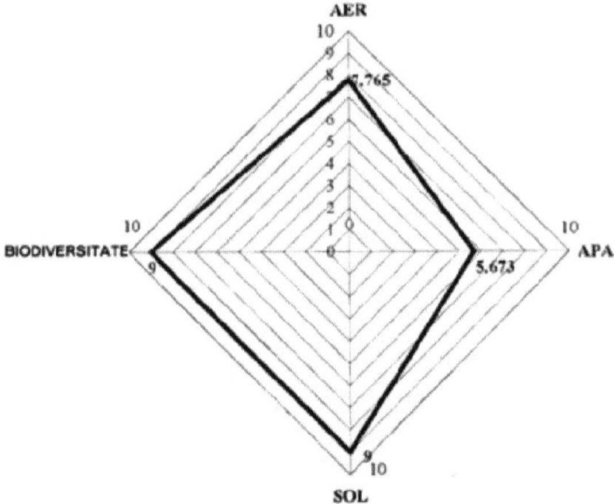

As estradas florestais representam a espinha dorsal da gestão sustentável das florestas. Abordar a questão da AIA das estradas florestais no contexto romeno foi um facto óbvio, tendo em conta as antigas tecnologias de corte atualmente utilizadas na Roménia, que prejudicam os valores ambientais e sociais através da erosão maciça do solo, da poluição da água e do aumento do risco de acidentes entre os trabalhadores florestais. Os aspectos ambientais e sociais são, na sua maioria, ignorados pelas partes interessadas envolvidas na cadeia de abastecimento da madeira, especialmente pelos empreiteiros de abate, sendo o principal objetivo a maximização dos lucros. Por conseguinte, uma abordagem holística para melhorar a rede rodoviária florestal, considerando a seleção de sistemas de corte de última geração, poderia criar as premissas para melhorar a qualidade das operações de corte e reduzir os seus efeitos secundários. Melhorando as infra-estruturas florestais, a distância de derrapagem diminuirá e, consequentemente, serão criadas boas condições para a introdução de tecnologias de corte mais ecológicas e ergonómicas (por exemplo, cable yarders, forwarders ou cable-forwarders, harvesters), aumentando a qualidade e a produtividade do corte de madeira. Não obstante, o desenvolvimento de estradas florestais também envolve perturbações ambientais a diferentes escalas, que têm de ser consideradas durante a fase de planeamento. Assim, a AIA é vista como uma ferramenta necessária e útil para apoiar a tomada de decisões no domínio da engenharia florestal. A utilização da AIA desde as fases iniciais do planeamento da rede rodoviária trará benefícios tanto para a gestão florestal, beneficiando o proprietário florestal de uma infraestrutura florestal bem documentada, de um risco reduzido de danos nos povoamentos e de um impacto reduzido das actividades de corte no ambiente, como para os empreiteiros florestais, que poderão melhorar a sua produtividade e a qualidade do corte.

A AIA das estradas florestais deve centrar-se na identificação e análise dos riscos potenciais do desenvolvimento de uma opção rodoviária e na proposta de medidas de atenuação eficazes para minimizar os efeitos adversos no ambiente.

CAPÍTULO 5

CONCLUSÃO

Âmbito do trabalho futuro

O objetivo deste documento foi apresentar a forma como os aspectos ambientais devem ser considerados no desenvolvimento de diferentes propostas de estradas florestais na Roménia, seguindo as fases da AIA. Alguns dos benefícios contabilizados da AIA de estradas florestais são: soluções técnicas respeitadoras do ambiente na conceção e construção de estradas florestais, consideração de sistemas de exploração e opções de desenvolvimento no revestimento da rede de estradas florestais, medidas de atenuação eficazes e aumento dos benefícios sociais globais. Consequentemente, a AIA torna-se uma ferramenta importante que deve ser utilizada por engenheiros florestais e gestores florestais no planeamento de estradas florestais, porque dá a possibilidade de analisar minuciosamente diferentes opções de estradas alternativas e, assim, documentar o processo de tomada de decisão. A este respeito, a análise de critérios múltiplos (MCA, AHP) deve ser vista como uma ferramenta de apoio à decisão que ajuda os decisores a tomar decisões. A AEM é uma ferramenta transparente que utiliza uma abordagem participativa para apoiar a tomada de decisões, promover e sensibilizar para a importância dos valores ambientais no desenvolvimento de operações florestais e não deve ser um fardo para uma proposta de projeto, mas uma ferramenta para tornar a sua implementação aceitável do ponto de vista ambiental. Por conseguinte, o âmbito da AIA das estradas florestais deve centrar-se apenas nos valores mais susceptíveis de serem afectados pela construção da estrada. Podem extrair-se algumas conclusões relativamente aos aspectos apresentados no presente trabalho:

1. O estudo de impacto constitui uma peça obrigatória no projeto de estradas florestais, necessária para a obtenção de todas as aprovações para a execução da estrada;

2. Através do estudo de impacto, o impacto é quantificado em conformidade com as diretivas da Agência de Proteção do Ambiente;

3. A avaliação de impacto contribui para uma melhor solução paisagística através da extensão da madeira como material de construção e da realização de pontes e muros de contenção à base de madeira;

4. A proteção dos parques naturais nacionais é assegurada pelo respeito das zonas de proteção integral, sendo os caminhos rodoviários conduzidos apenas aos limites turísticos e administrativos.

REFERÊNCIAS

Adam, P., e D. Robinson. 1996. Efeitos negativos das queimadas de redução de combustível no habitat da toutinegra-de-coroa-acinzentada *Pomastomus temporalis. Victorian Naturalist* **113**:4-9.

Anderson, D. R., K. P. Burnham, e W. L. Thompson. 2000. Null hypothesis testing: problems, prevalence, and an alternative. *Journal of Wildlife Management* **64**:912-923.

Antos, M. J., e J. G. White. 2004. Aves de vegetação remanescente na Península Mornington, Victoria, Austrália: o papel dos interiores, bordos e bermas das estradas. *Pacific Conservation Biology* **9**:294-301.

Altrichter, M., e G. I. Boaglio. 2004. Distribuição e abundância relativa de queixadas no Chaco argentino: associações com factores humanos. *Biological Conservation* **116**:217-225. **Anthongy, R. G., e F. B. Isaacs.** 1989. Caraterísticas dos locais de nidificação da águia-careca no Oregon. *Journal of Wildlife Management* **53**:148-159.

Aresco, M. J. 2005. The effect of sex-specific terrestrial movements and roads on the sex ratio of freshwater turtles. *Biological Conservation* **123**:37-44.

Bambar, D. 1975. A área acima do gráfico de dominância ordinal e a área abaixo do gráfico de caraterísticas operacionais do recetor. *Journal of Mathematical Psychology* **12**:387-415. **Bee, M. A., e E. M. Swanson.** 2007. Auditory masking of anuran advertisement calls by road traffic noise. *Animal Behaviour* **74**:1765-1776.

Bellamy, P. E., R. F. Shore, D. Ardeshir, J. R. Treweek e T. H. Sparks. 2000. Road verges as habitat for small mammals in Britain. *Mammal Review* **30**:131-139.

Bennett, A. F. 1991. Roads, roadsides and wildlife conservation: a review. Páginas 99-118 *em* D. A. Saunders e R. J. Hobbs, editores. *Nature conservation 2: the role of corridors.* Surrey Beatty and Sons, Chipping Norton, Austrália.

Brumm, H. 2004. O impacto do ruído ambiental na amplitude do canto de uma ave territorial. *Journal of Animal Ecology* **73**:434-440.

Brumm, H. 2006. As aves urbanas mudaram de tom. *Current Biology* **16**:R1003-R1004. **Brumm, H., e H. Slabbekoorn.** 2005. Acoustic communication in noise. *Advances in the Study of Behaviour* **35**:151-209.

Burnham, K. P., e D. R. Anderson. 2002. *Model selection and multi-model inference: a practical information-theoretic approach.* Springer-Verlag, Nova Iorque, Nova Iorque, EUA.

Barnes, R. F. W., K. L. Barnes, P. T. Alers, e A. Blom. 1991. O homem determina a distribuição de elefantes nas florestas tropicais do nordeste do Gabão. *Jornal Africano de Ecologia* **29**:54-63. **Boarman, W. I., e M. Sazaki.** 2006. A zona de efeito de estrada de uma autoestrada para as tartarugas do deserto *(Gopherus agassizii). Journal of Arid Environments* **65**:94-101.

Brody, A. J., e M. R. Pelton. 1989. Effects of roads on black bear movements in western North Carolina. *Wildlife Society Bulletin* **17**:5-10.

Calder, W. 1986. *Peninsula perspectives: vegetation on the Mornington Peninsula, Victoria.* Jimainigle, Melbourne, Austrália.

Clark, J. S. 2005. Why environmental scientists are becoming Bayesians. *Ecology Letters* **8**:2-15.

Clevenger, A. P., B. Chruszcz, e K. E. Gunson. 2003. Spatial patterns and factors influencing small vertebrate fauna road-kill aggregations. *Biological Conservation* **109**:15-26.

Collins, S. 2004. Vocal fighting and flirting: the functions of birdsong. Páginas 39-79 *em* P. Marler e H. Slabbekoorn, editores. *Nature's music: the science of birdsong.* Academic Press/Elsevier, San Diego, Califórnia, EUA.

Carr, L. W., e L. Fahrig. 2001. Effect of road traffic on two amphibian species of differing vagility (Efeito do tráfego rodoviário em duas espécies de anfíbios de vagilidade diferente). *Conservation Biology* **15**:1071-1078.

Ciarniello, L. M., M. S. Boyce, D. C. Heard e D. R. Seip. 2007. Components of grizzly bear habitat selection: density, habitats, roads, and mortality risk. *Journal of Wildlife Management* **71**:1446-1457.

Coleman, J. S., e J. D. Fraser. 1989. Habitat use and home ranges of black and turkey vultures. *Journal of Wildlife Management* **53**:782-792.

Carr, L. W., e L. Fahrig. 2001. Effect of road traffic on two amphibian species of differing vagility (Efeito do tráfego rodoviário em duas espécies de anfíbios de vagilidade diferente). *Conservation Biology* **15**:1071-1078.

Ciarniello, L. M., M. S. Boyce, D. C. Heard e D. R. Seip. 2007. Components of grizzly bear habitat selection: density, habitats, roads, and mortality risk. *Journal of Wildlife Management* **71**:1446-1457.

Coleman, J. S., e J. D. Fraser. 1989. Habitat use and home ranges of black and turkey vultures. *Journal of Wildlife Management* **53**:782-792.

Dooling, R. 2004. Audition: can birds hear everything they sing? Páginas 206-225 *em* P. Marler e H. Slabbekoorn, editores. *Nature's music: the science of birdsong.* Academic Press/Elsevier, San Diego, Califórnia, EUA.

de Maynadier, P. G., e M. L. Hunter. 2000. Efeitos das estradas nos movimentos dos anfíbios numa paisagem florestal. *Natural Areas Journal* **20**:56-65.

Dickson, B. G., e P. Beier. 2002. Home-range and habitat selection by adult cougars in southern California. *Journal of Wildlife Management* **66**:1235-1245.

Dyer, S. J., J. P. O'Neill, S. M. Wasel e S. Boutin. 2001. Avoidance of industrial development by woodland caribou. *Journal of Wildlife Management* **65**:531-542.

Dyer, S. J., J. P. O'Neill, S. M. Wasel e S. Boutin. 2002. Quantifying barrier effects of roads and seismic lines on movements of female woodland caribou in northeastern Alberta. *Canadian Journal of Zoology* **80**:839-845.

Douglass, J. E., D. R. Cochrane, G. W. Bailey, J. I. Teasley, e D. W. Hill.1969. Baixa concentração de herbicida encontrada no fluxo do rio depois que uma cobertura de grama é morta. Dep. Agrícola dos EUA. For. Serv., Res. Note SE- 108, 3 p. Southeast. For. Exp. Stn., Asheville, K.C.

Douglass, J. E., e J. D. Eelvey. 1971. Effects of some forest resource managementalternatives on storm hydrograph characteristics in the southern-Appalachians. Congresso da IUFRO, Gainesville, Flórida, 14-20 de março de 1971.

Douglass, James E., e Wayne T. Swank. 1972. Streamflow modification throughmanagement of eastern forests (Modificação do fluxo de água através da gestão das florestas orientais). Dep. Agrícola dos E.U.A. For. Serv., Res. Pap. SE-94,15 p. Southeast. For. Exp. Stn., Asheville, N.C.

Douglass, J. E., e W. T. Swank. 1975. Efeitos das práticas de gestão na qualidade e quantidade de água: Coweeta Hydrologic Laboratory, Carolina do Norte.

Egan, J. P., e H. W. Hake. 1950. On the masking pattern of a simple auditory stimulus (Sobre o padrão de mascaramento de um estímulo auditivo simples). *Journal of the Acoustical Society of America* **22**:622-630.

Eigenbrod, F., S. J. Hecnar, e L. Fahrig. 2008a. The relative effects of road traffic and forest cover on anuran populations (Os efeitos relativos do tráfego rodoviário e da cobertura florestal nas populações de anuros).

Biological Conservation **141**:35-46.

Eigenbrod, F., S. J. Hecnar, e L. Fahrig. 2008b. Accessible habitat: an improved measure of the effects of habitat loss and roads on wildlife populations. *Landscape Ecology* **23**:159-168.

Fahrig, L., J. H. Pedlar, S. E. Pope, P. D. Taylor e J. F. Wegner. 1995. Effect of road traffic on amphibian density (Efeito do tráfego rodoviário na densidade de anfíbios). *Biological Conservation* **73**:177-182.

Findlay, C. S., e J. Bourdages. 2000. Tempo de resposta da biodiversidade das zonas húmidas à construção de estradas em terrenos adjacentes. *Conservation Biology* **14**:86-94.

Findlay, C. S., e J. Houlahan. 1997. Correlatos antropogénicos da riqueza de espécies nas zonas húmidas do sudeste do Ontário. *Conservation Biology* **11**:1000-1009.

Ford, A. T. e L. Fahrig. 2008. Padrões de movimento de esquilos orientais *(Tamias striatus)* perto de estradas. *Journal of Mammalogy* **89**:895-903.

Forman R. T. T., B. Reineking, e A. M. Hersperger. 2002. Road traffic and nearby grassland bird patterns in a suburbanizing landscape. *Environmental Management* **29**:782-800.

Forman, R. T. T., D. Sperling, J. A. Bissonette, A. P. Clevenger, C. D. Cutshall, V. H. Dale, L. Fahrig, R. France, C. R. Goldman, K. Heanue, J. A. Jones, F. J. Swanson, T. Turrentine e T. C.

inverno. 2003. *Road ecology: science and solutions.* Island Press, Washington, D.C., EUA.

Fowle, S. C. 1990. *A tartaruga pintada no Mission Valley do oeste de Montana.* Dissertação, Universidade de Montana, Missoula, Montana, EUA.

Fuller, T. K. 1989. Population dynamics of wolves in North-central Minnesota. *Wildlife Monographs* **105**:1-41.

Fernandez-Juricic, E. 2000. Efeitos locais e regionais dos peões nas aves florestais numa paisagem fragmentada. *The Condor* **102**:247-255.

Fernandez-Juricic, E., R. Poston, K. De Collibus, T. Morgan, B. Bastain, C. Martin, K. Jones e R. Treminio. 2005. Seleção de microhabitats e padrões de comportamento de canto de tentilhões domésticos machos *(Carpodacus mexicanus)* em parques urbanos numa paisagem fortemente urbanizada no oeste dos EUA. *Urban Habitats* **3**:49-69.

Fidler F., M. A. Burgman, G. Cumming, R. Buttrose, e N. Thomason. 2006. Impact of criticism of null-hypothesis significance testing on statistical reporting practices in conservation biology [Impacto das críticas aos testes de significância de hipóteses nulas nas práticas de informação estatística em biologia da conservação]. *Conservation Biology* **20**:1539-1544.

Ford, J. 1981. Evolução, distribuição e fase de especiação no complexo *Rhipidura fuliginosa* na Austrália. *Emu* **81**:128-144.

Forman, R. T. T., e L. E. Alexander. 1998. Estradas e seus principais efeitos ecológicos. *Annual Review of Ecology and Systematics* **29**:207-231.

Forman, R. T. T., B. Reineking e A. M. Hersperger. 2002. Road traffic and nearby grassland bird patterns in a suburbanizing landscape. *Environmental Management* **29**:782-800.

Forman, R. T. T., D. Sperling, J. Bissonette, A. Clevenger, C. Cutshall, V. Dale, L. Fahrig, R. France, C. Goldman, K. Heanue, J. Jones, F. Swanson, T. Turrentine e T. Winter. 2003. *Road ecology: science and solutions.* Island Press, Washington D.C., EUA.

Fuller, R. A., P. H. Warren e K. J. Gaston. 2007. O ruído diurno prevê o canto noturno em tordos urbanos. *Biology Letters* **3**:368-370.

Goosem, M. 2007. Impactos da fragmentação causados por estradas em florestas tropicais. *Current Science* **93**(11).

Garland, T., e W. G. Bradley. 1984. Efeitos de uma autoestrada nas populações de roedores do deserto de Mojave. *American Midland Naturalist* **111**:47-56.

Gibbs, J. P., e W. G. Shriver. 2002. Estimating the effects of road mortality on turtle populations (Estimar os efeitos da mortalidade rodoviária nas populações de tartarugas). *Conservation Biology* **16**:1647-1652.

Hels, T., e E. Buchwald. 2001. The effect of road kills on amphibian populations. *Biological Conservation* **99**:331-340.

Houlahan, J. E., e C. S. Findlay. 2003. The effects of adjacent land use on wetland amphibian species richness and community composition. *Canadian Journal of Fisheries and Aquatic Sciences* **60**:1078-1094.

Huijser, M. P., e P. J. M. Bergers. 2000. O efeito das estradas e do tráfego nas populações de ouriços-cacheiros *(Erinaceus europaeus). Biological Conservation* **95**:111-116.

Habib, L., E. M. Bayne, e S. Boutin. 2007. Chronic industrial noise affects pairing success and age structure of ovenbirds *Seiurus aurocapilla. Jornal de Ecologia Aplicada* **44**:176-184.

Hanley J. A., e B. J. McNeil. 1982. The meaning and use of the area under a receiver operating characteristic (ROC) curve. *Radiologia* **143**:29-36.

Higgins, P. J., e J. M. Peter, editores. 2002. *Handbook of Australian, New Zealand and Antarctic birds. Volume 6: Pardalotes to Shrike-thrushes.* Oxford University Press, Melbourne, Austrália.

Higgins, P. J., J. M. Peter, e S. J. Cowling, editores. 2006. *Handbook of Australian, New Zealand and Antarctic birds. Volume 7: Boatbill to starlings.* Oxford University Press, Melbourne, Austrália.

Hilty, J. A., W. Z. Lidicker e A. M. Merenlender. 2006. *Corridor ecology: the science and practice of linking landscapes for biodiversity conservation.* Island Press, Washington D.C., EUA.

Hultsch, H., e D. Todt. 2004. Aprender a cantar. Páginas 80-107 *em* P. Marler e H. Slabbekoorn, editores. *Nature's music: the science of birdsong.* Academic Press/Elsevier, San Diego, Califórnia, EUA.

Jaeger, J. A. G, J. Brennan, L. Fahrig, D. Bert, J. Bouchard, N. Charbonneau, K. Frank, B. Gruber, e K. T. von Toschanowitz. 2005. Predicting when animal populations are at risk from roads: an interactive model of road avoidance behavior. *Ecological Modelling* **185**:329-348. **Johnson, D. H.** 1999. A insignificância dos testes de significância estatística. *Journal of Wildlife Management* **63**:763-772.

Jaeger, J. A. G., e L. Fahrig. 2004. Em que condições é que as vedações reduzem os efeitos das estradas na persistência da população? *Conservation Biology* **18**:1651-1657.

Jedrzejewski, W., M. Niedzialkowska, S. Nowak, e B. Jedrzejewska. 2004. Variáveis de habitat associadas à distribuição e abundância do lobo *(Canis lupus)* no norte da Polónia. *Diversity and Distributions* **10**:225-233.

Jensen, W. F., T. K. Fuller e W. L. Robinson. 1986. Wolf *(Canis lupus)* distribution on the OntarioMichigan border near Sault Ste. Marie. *Canadian Field-Naturalist* **100**:363-366. **Johnson, W. C., e S. K. Collinge.** 2004. Landscape effects on black-tailed prairie dog colonies (Efeitos da paisagem nas colónias de cães da pradaria de cauda negra). *Biological Conservation* **115**:487-497.

Karlsson J., H. Broseth, H. Sand, e H. Andren. 2007. Predicting occurrence of wolf territories in Scandinavia (Previsão da ocorrência de territórios de lobo na Escandinávia). *Journal of Zoology* **272**:276-283.

Kerley, L. L., J. M. Goodrich, D. G. Miquelle, E. N. Smirnov, H. B. Quigley e M. G. Hornocker. 2002. Effects of roads and human disturbance on Amur tigers. *Conservation Biology* **16**:97-108.

King, C. M., J. G. Innes, M. Flux, M. O. Kimberley, J. R. Leathwick, e D. S. Williams. 1996. Distribuição e abundância de pequenos mamíferos em relação ao habitat no Parque Florestal de Pureora. *New Zealand Journal of Ecology* **20**:215-240

Koivula, M. J., e H. J. W. Vermeulen. 2005. Highways and forest fragmentation-effects on carabid beetles (Coleoptera, Carabidae). *Landscape Ecology* **20**:911-926.

Kuitunen, M. T., J. Viljanen, E. Rossi, e A. Stenroos. 2003. Impact of busy roads on breeding success in pied flycatchers *Ficedula hypoleuca*. *Environmental Management* **31**:79-85.

Kunkel, K. E., e D. H. Pletscher. 2000. Habitat factors affecting vulnerability of moose to predation by wolves in southeastern British Columbia (Factores de habitat que afectam a vulnerabilidade dos alces à predação por lobos no sudeste da Colúmbia Britânica). *Canadian Journal of Zoology* **78**:150-157.

Katti, M., e P. S. Warren. 2004. Tits, noise, and urban bioacoustics. *Tendências em Ecologia e Evolução* **19**:109-110.

Conselho de Conservação da Terra. 1988. *Statewide review.* Land Conservation Council, Melbourne, Austrália.
Leonard, M. L., e A. G. Horn. 2005. Ambient noise and the design of begging signals. *Proceedings of the Royal Society B* **272**:651-656.

Lohr, B., T. F. Wright, e R. J. Dooling. 2003. Deteção e discriminação de chamadas naturais em ruído de mascaramento por aves: estimar o espaço ativo de um sinal. *Animal Behaviour* **65**:763-777.

Lynch, J. F., W. J. Carmen, D. A. Saunders e P. Cale. 1995. Use of vegetated road verges and habitat patches by four bird species in the central wheatbelt of Western Australia. Pages 34-42 *in* D. A. Saunders, J. L. Craig, and E. M. Mattiske, editors. *Nature conservation 4: the role of networks.* Surrey Beatty and Sons, Chipping Norton, Austrália.

Land, D., e M. Lotz. 1996. Projectos de passagens de animais selvagens e utilização por panteras da Florida e outros animais selvagens no sudoeste da Florida. *Em* G. L. Evink, P. Garrett, D. Zeigler, e J. Berry, editores. *Actas da Conferência Internacional de 1996 sobre Ecologia da Vida Selvagem e Transportes.* Gabinete de Gestão Ambiental do Departamento de Transportes do Estado da Florida, Tallahassee, Florida, EUA. [em linha] URL: http://www.icoet.net/ICOWET/96proceedings.asp.

Loehle, C., T. B. Wigley, P. A. Shipman, S. F. Fox, S. Rutzmoser, R. E. Thill e M. A. Melchiors. 2005. Respostas da riqueza de espécies herpetofaunais à estrutura da paisagem florestal no Arkansas. *Forest Ecology and Management* **209**:293-308.

Lovallo, M. J., e E. M. Anderson. 1996. Movimentos do gato-bravo e áreas de residência em relação a estradas em Wisconsin. *Wildlife Society Bulletin* **24**:71-76.

Luce, A., e M. Crowe. 2001. Diversidade de invertebrados terrestres ao longo de uma estrada de cascalho na ilha de Barrie, Ontário, Canadá. *Great Lakes Entomologist* **34**:55-60.

Mace, R. D., J. S. Waller, T. L. Manley, L. J. Lyon e H. Zurring. 1996. Relationships among grizzly bears, roads, and habitat in the Swan Mountains, Montana. *The Journal of Applied Ecology* **33**:13951404.

Mazerolle, M. J., M. Huot, e M. Gravel. 2005. Comportamento dos anfíbios na estrada em resposta ao tráfego automóvel. *Herpetologica* **61**:380-388.

McAlpine, C. A., J. R. Rhodes, J. G. Callaghan, M. E. Bowen, D. Lunney, D. L. Mitchell, D. V. Pullar e H. P. Possingham. 2006. The importance of forest area and configuration relative to local habitat factors for conserving forest mammals: a case study of koalas in Queensland, Australia. *Biological Conservation* **132**:153-165.

McGregor, R. L., D. J. Bender e L. Fahrig. 2008. Os pequenos mamíferos evitam as estradas por causa do tráfego? *Jornal de Ecologia Aplicada* **45**:117-123.

McLellan, B. N., e D. M. Shackleton. 1988. Grizzly bears and resource-extraction industries: effects of roads on behavior, habitat use and demography (Ursos pardos e indústrias de extração de recursos: efeitos das estradas no comportamento, utilização do habitat e demografia). *Journal of Applied Ecology* **25**:451-460. **Mech, L. D., S. H. Fritts, G. L. Radde e W. J. Paul.** 1988. Wolf distribution and road density in Minnesota. *Wildlife Society Bulletin* **16**:85-87.

Mladenoff, D. J., T. A. Sickley, R. G. Haight, e A. P. Wydeven. 1995. A regional landscape analysis and prediction of favourable Gray Wolf habitat in the northern Great-Lakes region. *Conservation Biology* **9**:279-294.

Mowat, G. 2006. Winter habitat associations of American martens *Martes americana* in interior wet-belt forests. *Wildlife Biology* **12**:51-61.

Mumme, R. L., S. J. Schoech, G. E. Woolfenden, e J. W. Fitzpatrick. 2000. Life and death in the fast line: demographic consequences of road mortality in the Florida Scrub-Jay. *Conservation Biology* **14**:501-512.

Munguira, M. L., e J. A. Thomas. 1992. Utilização de bermas de estrada por populações de borboletas e burnet, e o efeito das estradas na dispersão e mortalidade de adultos. *Journal of Applied Ecology* **29**:316-329.

Newmark, W. D., J. I. Boshe, H. I. Sariko, e G. K. Makumbule. 1996. Effects of a highway on large mammals in Mikumi National Park, Tanzania. *Jornal Africano de Ecologia* **34**:15-31.

Marler, P. 2004. Bird calls: a cornucopia for communication. Páginas 132-177 *em* P. Marler e H. Slabbekoorn, editores. *Nature's music: the science of birdsong.* Academic Press/Elsevier, San Diego, Califórnia, EUA.

Marten, K., e P. Marler. 1977. Sound transmission and its significance for animal vocalization I. Temperate habitats. *Behavioral Ecology and Sociobiology* **2**:271-290. **McCarthy, M. A.** 2007. *Bayesian methods for ecology.* Cambridge University Press, Cambridge, Reino Unido. **McGowan, C. P., e T. R. Simons.** 2006. Effects of human recreation on the incubation behavior of American Oystercatchers. *The Wilson Journal of Ornithology* **118**:485-493. **Mornington Peninsula Shire.** 2006. *Estratégia de construção de estradas não feitas.* Mornington Peninsula Shire, Rosebud, Austrália.

Mumme R. L., S. J. Schoech, G. E. Woolfenden, e J. W. Fitzpatrick. 2000. Life and death in the fast lane: demographic consequences of road mortality in the Florida Scrub-jay. *Conservation Biology* **14**:501-512.

Munguira, M. L., e J. A. Thomas. 1992. Utilização de bermas de estrada por populações de borboletas e burnet, e o efeito das estradas na dispersão e mortalidade de adultos. *Journal of Applied Ecology* **29**:316-329. **Murison, G., J. M. Bullock, J. Underhill-Day, R. Langston, A. F. Brown e W. J. Sutherland.** 2007. O tipo de habitat determina os efeitos da perturbação na produtividade reprodutora da toutinegra de Dartford *Sylvia undata*. *Ibis* **149** (Suppl. 1): 16-26.

Niedziatkowska, M., W. Jedrzejewski, R. W. Mystajek, S. Nowak, B. Jedrzejewska, e K. Schmidt. 2006. Environmental correlates of Eurasian lynx occurrence in Poland-large scale census and GIS mapping. *Biological Conservation* **133**:63-69.

Noordijk, J., D. Prins, M. de Jonge, e R. Vermeulen. 2006. Impacto de uma estrada nos movimentos de duas espécies de escaravelhos do solo (Coleoptera: Carabidae). *Entomologica Fennica* **17**:276-283. **Norling, B. S., S. H. Anderson, e W. A. Hubert.** 1992. Locais de poleiro usados por Sandhill Crane ao longo do rio Platte, Nebraska. *Great Basin Naturalist* **52**:253-261. **Nystrom, P., L. Birkedal, C. Dahlberg, e C. Bronmark.** 2002. The declining spadefoot toad *Pelobates fuscus:* calling site choice and conservation. Ecography **25**: 488-498. **Nystrom, P., J. Hansson, J. Mânsson, M. Sundstedt, C. Reslow, e A. Brostrom.** 2007. A documented amphibian decline over 40 years: possible causes and implications for species recovery. *Biological Conservation*

138:399-411.

Oberweger, K., e F. Goller. 2001. The metabolic cost of birdsong production (O custo metabólico da produção do canto dos pássaros). *Journal of Experimental Biology* **204**:3379-3388.

Oxley, D. J., M. B. Fenton, e G. R. Carmody. 1974. The effects of roads on small mammals. *Journal of Applied Ecology* **11**:51-59.

Patricelli, G. L., e J. L. Blickley. 2006. A comunicação das aves no ruído urbano: causas e consequências do ajuste vocal. *The Auk* **123**:639-649. **Pearce, J., e S. Ferrier.** 2000. Evaluating the predictive performance of habitat models developed using logistic regression. *Ecological Modelling* **133**:225-45.

Palma, L., P. Beja, e M. Rodrigues. 1999. A utilização de dados de avistamentos para analisar o habitat e a distribuição do lince ibérico. *Journal of Applied Ecology* **36**:812-824. **Parris, K. M.** 2006. Urban amphibian assemblages as metacommunities. *Journal of Animal Ecology* **75**:757-764.

Paruk, J. D. 1987. Utilização do habitat pelas águias-carecas que passam o inverno ao longo do rio Mississippi (EUA). *Transactions of the Illinois State Academy of Science* **80**:333-342. **Pellet, J., A. Guisan, e N. Perrin.** 2004a. A concentric analysis of the impact of urbanization on the threatened European tree frog in an agricultural landscape. *Conservation Biology* **18**:1599-1606. **Pellet, J., S. Hoehn, e N. Perrin.** 2004b. Multiscale determinants of tree frog *(Hyla arborea* L.) calling ponds in western Switzerland. *Biodiversity and Conservation* **13**:2227-2235. **Peris, S. J., e M. Pescador.** 2004. Effects of traffic noise on passerine populations in Mediterranean wooded pastures. *Applied Acoustics* **65**:357-366.

Pocock, Z., e R. E. Lawrence. 2005. Até onde se estende o efeito de uma estrada numa floresta? Definindo o efeito de borda da estrada em florestas de eucalipto no sudeste da Austrália. Pages 397-405 *in* C. L. Irwin, P. Garrett, and K. P. McDermott, editors. *Actas da Conferência Internacional de 2005 sobre Ecologia e Transportes.* Centro de Transportes e Ambiente, Universidade Estatal da Carolina do Norte, Raleigh, Carolina do Norte, EUA.

Porej, D., M. Micacchion, e T. E. Hetherington. 2004. Habitat terrestre central para a conservação de populações locais de salamandras e rãs-da-madeira em paisagens agrícolas. *Biological Conservation* **120**:399-409.

Reijnen, R., e R. Foppen. 1994. The effects of car traffic on breeding bird populations in woodland. I. Evidência da redução da qualidade do habitat para as toutinegras-de-barrete *(Phylloscopus trochilus)* que se reproduzem perto de uma autoestrada. *Journal of Applied Ecology* **31**:85-94.

Reijnen, R., R. Foppen, C. ter Braak, e J. Thissen. 1995. The effects of car traffic on breeding bird populations in woodland. III. Redução da densidade em relação à proximidade de estradas principais. *Journal of Applied Ecology* **32**:187-202.

Rheindt, F. E. 2003. The impact of roads on birds: does song frequency play a role in determining susceptibility to noise pollution? *Journal of Ornithology* **144**:295-306. **Reijnen, R., R. Foppen, e H. Meeuwsen.** 1996. The effects of traffic on the density of breeding birds in dutch agricultural grasslands. *Biological Conservation* **75**:255-260.

Rheindt, F. E. 2003. The impact of roads on birds: does song frequency play a role in determining susceptibility to noise pollution? *Journal für Ornithologie* **144**: 295-306.

Roedenbeck, I. A., L. Fahrig, C. S. Findlay, J. E. Houlahan, J. A. G. Jaeger, N. Klar, S. Kramer-Schadt e E. A. van der Grift. 2007. The Rauischholzhausen agenda for road ecology. *Ecologia e Sociedade* **12**(1): 11. [em linha] URL: http://www.ecologyandsociety.org/vol12/iss1/art11/.

Roedenbeck, I. A., e W. Köhler. 2006. Effekte der Landschaftszerschneidung auf die Unfallhäufigkeit und Bestandsdichte von Wildtierpopulationen. 2006. *Naturschutz und Landschaftsplanung* **38**:314-322.

Roedenbeck, I. A., e P. Voser. 2008. Efeitos das estradas na distribuição espacial, abundância e mortalidade da lebre castanha *(Lepus europaeus)* na Suíça. *European Journal of Wildlife Research* **54**:425-437.

Rosa, S., e J. Bissonette. 2007. Estradas e comunidades de pequenos mamíferos do deserto: interação positiva? Pages 562-566 *in* C. L. Irwin, D. Nelson, and K. P. McDermott, editors. *Actas da Conferência Internacional de 2007 sobre Ecologia e Transportes.* Centro de Transportes e Ambiente, Universidade Estatal da Carolina do Norte, Raleigh, Carolina do Norte, EUA.

Rost, G. R., e J. A. Bailey. 1979. Distribuição de veados-mula e alces em relação às estradas. *Journal of Wildlife Management* **43**:634-641.

Row, J. R., G. Blouin-Demers, e P. J. Weatherhead. 2007. Efeitos demográficos da mortalidade rodoviária em cobras-rateiras pretas   *(Elaphe obsoleta). Biological Conservation* **137**:117-124.

Rudolph, D. C., S. J. Burgdorf, R. N. Conner e R. R. Schaefer. 1999. Preliminary evaluation of the impact of roads and associated vehicular traffic on snake populations in eastern Texas. *Em* G. L. Evink, P. Garrett, e D. Ziegler, editores. *Actas da Terceira Conferência Internacional sobre Ecologia da Vida Selvagem e Transportes, FL-ER-73-99.* Departamento de Transportes da Florida, Tallahassee, Florida, EUA. [em linha] URL: http://www.icoet.net/ICOWET/99proceedings.asp.

Rytwinski, T., e L. Fahrig. 2007. Efeito da densidade das estradas na abundância de ratos de patas brancas. *Landscape Ecology* **22**:1501-1512.

Semlitsch, R. D., T. J. Ryan, K. Hamed, M. Chatfield, B. Drehman, N. Pekarek, M. Spath e A. Watland. 2007. Salamander abundance along road edges and within abandoned logging roads in Appalachian forests. *Conservation Biology* **21**:159-167.

Skidds, D. E., F. C. Golet, P. W. C. Paton, e J. C. Mitchell. 2007. Correlatos de habitat do esforço reprodutivo em rãs-da-madeira e salamandras-malhadas numa bacia hidrográfica urbanizada. *Journal of Herpetology* **41**:439-450.

Steen, D. A., M. J. Aresco, S. G. Beilke, B. W. Compton, E. P. Condon, C. K. Dodd, H. Forrester, J. W. Gibbons, J. L. Greene, G. Johnson, T. A. Langen, M. J. Oldham, D. N. Oxier, R. A. Saumure, F. W. Schueler, J. M. Sleeman, L. L. Smith, J. K. Tucker e J. P. Gibbs. 2006. Relative vulnerability of female turtles to road mortality (Vulnerabilidade relativa das tartarugas fêmeas à mortalidade nas estradas). *Animal Conservation* **9**:269-273. **Steen, D. A., L. L. Smith, L. M. Conner, J. C. Brock, e S. K. Hoss.** 2007. Uso de habitat por espécies simpátricas de cascavéis na planície costeira do Golfo. *Journal of Wildlife Management* **71**:759-764. **Stevens, V. M., E. Leboulenge, R. A. Wesselingh, e M. Baguette.** 2006. Quantificação da conetividade funcional: avaliação experimental da permeabilidade dos limites para o sapo-calvo *(Bufo calamita). Oecologia* **150**:161-171.

Sullivan, B. K. 1981. Diferenças observadas na temperatura corporal e comportamento associado de quatro espécies de serpentes. *Journal of Herpetology* **15**:245-246.

Sullivan, B. K. 2000. Long-term shifts in snake populations: a California site revisited. *Biological Conservation* **94**:321-325.

Suring, L. H., S. D. Farley, G. V. Hilderbrand, M. I. Goldstein, S. Howlin e W. P. Erickson. 2006. Patterns of landscape use by female brown bears on the Kenia Peninsula, Alaska. *Journal of Wildlife Management* **70**:1580-1587.

Saarinen, K., A. Valtonen, J. Jantunen, e S. Saarnio. 2005. Butterflies and diurnal moths along road verges: Does road type affect diversity and abundance? *Biological Conservation* **123**:403-412. **Sewell, S. R., e C. P. Catterall.** 1998. Bushland modification and styles of urban development: their effects on birds in south-east

Queensland. *Wildlife Research* **25**:41-63. **Shochat, E., D. H. Wolfe, M. A. Patten, D. L. Reinking, e S. K. Sherrod.** 2005. Tallgrass prairie management and bird nest success along roadsides *Biological Conservation* **121**:399-407. **Slabbekoorn H., e A. den Boer-Visser.** 2006. Cities change the songs of birds. *Current Biology* **16**:2326-2331.

Slabbekoorn, H., e M. Peet. 2003. As aves cantam num tom mais alto com o ruído urbano. *Nature* **424**:267. **Slabbekoorn, H., e E. A. P. Ripmeester.** 2008. Birdsong and anthropogenic noise: implications and applications for conservation. *Molecular Ecology* **17**:72-83.

Spiegelhalter, D. J., N. G. Best, B. P. Carlin e A. van der Linde. 2002. Bayesian measures of model complexity and fit. *Journal of the Royal Statistical Society: Série B* **64**:583-639. **Spiegelhalter, D., A. Thomas, N. Best, e D. Lunn.** 2006. *OpenBUGS user manual version 2.20.* MRC Biostatistics Unit, Cambridge, Reino Unido.

Stevens, H. C., e D. M. Watson. 2005. Biologia reprodutiva do pisco-de-peito-cinzento *(Colluricincla harmonica). Emu* **105**:223-231.

Sun, J. W. C., e P. M. Narins. 2005. Os sons antropogénicos afectam diferencialmente a taxa de chamadas dos anfíbios. *Biological Conservation* **121**:419-427.

Swaddle, J. P., e L. C. Page. 2007. Altos níveis de ruído ambiental corroem as preferências de pares em Zebra Finches: implicações para a poluição sonora. *Animal Behaviour* **74**:363-368. **Trombulak, S. C., e C. A. Frissell.** 2000. Review of ecological effects of roads on terrestrial and aquatic communities (Revisão dos efeitos ecológicos das estradas nas comunidades terrestres e aquáticas). *Conservation Biology* **14**:18-30.

Tanner, D., e J. Perry. 2007. Efeitos das estradas na abundância e aptidão dos lagartos de lava das Galápagos *(Microlophus albemarlensis). Journal of Environmental Management* **85**:270-278. **Thiel, R. P.** 1985. Relationship between road densities and wolf habitat suitability in Wisconsin. *The American Midland Naturalist* **113**:404-407.

Trenham, P. C., W. D. Koenig, M. J. Mossman, S. L. Stark e L. A. Jagger. 2003. Regional dynamics of wetland-breeding frogs and toads: turnover and synchrony. *Ecological Applications* **13**:1522-1532.

Trombulak, S. C., e C. A. Frissell. 2000. Revisão dos efeitos ecológicos das estradas nas comunidades terrestres e aquáticas. *Conservation Biology* **14**:18-30.

van der Ree, R. 2002. The population ecology of the Squirrel Glider *(Petaurus norfolcensis)* within a network of remnant linear habitats. *Wildlife Research* **29**:329-340. **van der Ree, R, A. F. Bennett, e T. R. Soderquist.** 2006. Nest-tree selection by the threatened Brush-tailed *Phascogale (Phascogale tapoatafa)* (Marsupialia: Dasyuridae) in a highly fragmented agricultural landscape. *Wildlife Research* **33**:113-119.

Vos, C. C., e J. P. Chardon. 1998. Efeitos da fragmentação do habitat e da densidade de estradas no padrão de distribuição da rã-das-rochas *Ranaarvalis. Journal of Applied Ecology* **35**:44-56.

Ward, R. L., J. T. Anderson, e J. T. Petty. 2008. Effects of road crossings on stream and streamside salamanders (Efeitos de travessias de estradas em salamandras de riachos e margens de riachos). *Journal of Wildlife Management* **72**:760-771.

Warren, P. S., M. Katti, M. Ermann e A. Brazel. 2006. Urban bioacoustics: it's not just noise. *Animal Behaviour* **71**:491 **Underhill, J. E., e P. G. Angold.** 2000. Effects of roads on wildlife in an intensively modified landscape (Efeitos das estradas na vida selvagem numa paisagem intensamente modificada). *Environmental Reviews* **8**:21-39.

Way, J. M. 1977. Roadside verges and conservation in Britain: a review. *Biological Conservation* **12**:6574.

White, J. G., M. J. Antos, J. A. Fitzsimons e G. C. Palmer. 2005. Non-uniform bird assemblages in urban environments: the influence of streetscape vegetation. *Landscape and Urban Planning* **71**:123-35. **Williford, D.**

L., M. C. Woodin, M. K. Skoruppa, e G. C. Hickman. 2007. Caraterísticas dos locais de repouso utilizados pelas corujas-das-torres *(Athene cunicularia)* que passam o inverno no sul do Texas. *Southwestern Naturalist* **52**:60-66.

Wintle, B. A., J. Elith, e J. M. Potts. 2005. Fauna habitat modelling and mapping: a review and case study in the Lower Hunter Central Coast region of NSW. *Austral Ecology* **30**:719-738.

Wood, W. E., e S. M. Yezerinac. 2006. O canto do pardal canoro *(Melospiza melodia)* varia com o ruído urbano. *The Auk* **123**:650-659.

Warner, R. E. 1992. Nest ecology of grassland passerines on road rights-of-way in central Illinois. *Biological Conservation* **59**:1-7.

White, P. J. T., e J. T. Kerr. 2007. Human impacts on environment-diversity relationships: evidence for biotic homogenization from butterfly species richness patterns. *Global Ecology and Biogeography* **16**: 290-299.

yes
I want morebooks!

Buy your books fast and straightforward online - at one of world's fastest growing online book stores! Environmentally sound due to Print-on-Demand technologies.

Buy your books online at
www.morebooks.shop

Compre os seus livros mais rápido e diretamente na internet, em uma das livrarias on-line com o maior crescimento no mundo! Produção que protege o meio ambiente através das tecnologias de impressão sob demanda.

Compre os seus livros on-line em
www.morebooks.shop

info@omniscriptum.com
www.omniscriptum.com

Printed by Books on Demand GmbH, Norderstedt / Germany